敏捷开发实践与
案例教程

主编◎刘　斌　陈云亮　陈记录

MINJIE KAIFA SHIJIAN
YU ANLI JIAOCHENG

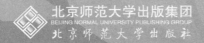

北京师范大学出版集团
BEIJING NORMAL UNIVERSITY PUBLISHING GROUP
北京师范大学出版社

图书在版编目(CIP)数据

敏捷开发实践与案例教程/刘斌,陈云亮,陈记录主编. —北京:北京师范大学出版社,2021.3
ISBN 978-7-303-26618-0

Ⅰ. ①敏… Ⅱ. ①刘… ②陈… ③陈… Ⅲ. ①软件开发—教材 Ⅳ. ①TP311.52

中国版本图书馆 CIP 数据核字(2020)第 259544 号

营 销 中 心 电 话　　010-58802181　58805532
北师大出版社社科技与经管分社　www.jswsbook.com
电 子 信 箱　　jswsbook@163.com

出版发行:北京师范大学出版社　www.bnupg.com
　　　　　北京市西城区新街口外大街 12-3 号
　　　　　邮政编码:100088
印　　刷:北京京师印务有限公司
经　　销:全国新华书店
开　　本:787 mm×1092 mm　1/16
印　　张:11
字　　数:232 千字
版　　次:2021 年 3 月第 1 版
印　　次:2021 年 3 月第 1 次印刷
定　　价:28.50 元

策划编辑:赵洛育　　　　　责任编辑:赵洛育
美术编辑:刘　超　　　　　装帧设计:刘　超
责任校对:段立超　　　　　责任印制:赵非非

内容简介

本书较为详细地介绍了利用 JJ 智能敏捷开发云平台进行软件的快速开发。全书分为两篇，共 6 章。第 1 篇为敏捷开发及平台概述，共 3 章，分别介绍了敏捷开发概述、JJ 智能敏捷开发云平台概述、JJ 智能敏捷开发云平台的组成及基本操作；第 2 篇为 JJ 智能敏捷开发云平台开发及管理，共 3 章，分别是基础篇、提高篇和管理篇，基础篇介绍了从系统设计到 JJ 开发、通过数据表一键生成基本增删改查功能、快速实现基本增删改查功能、丰富的页面控件、灵活多样的列表操作、事件调用与功能串接、快速的审批流程配置、业务逻辑与脚本处理、Excel 模板报表、图表配置和大屏显示；提高篇介绍了 PC 端页面自适应为移动端页面、移动端与公共应用的对接配置及外部系统的 API 调用；管理篇介绍了 JJ 即时在线 Debug、JJ 开发的发布与部署和 JJ 运行管理。通过对敏捷开发实践与案例的学习，读者可以全面、深入、透彻地理解 JJ 智能敏捷开发云平台，提高读者敏捷开发的实践能力。

本书条理清晰、内容实用。通过企业真实案例，进行深入浅出的教学，力求让读者将学习的内容融入实际应用。

本书既可以作为各级院校及培训班的教材，也可以作为敏捷开发从业人员的参考书。

前　　言

云计算等技术在软件行业快速普及，在此趋势下，传统软件架构全面转向云架构，传统软件开发也全面向云开发的模式推进。在互联网时代的浪潮中，数字化转型无疑是企业的唯一选择，转型过程中产生的"敏捷开发"成为刚性需求。

敏捷开发作为一种高效的开发方法而被人熟知。凭借敏捷的开发特点，它能够帮助企业加速开发的快速上线、试错和迭代，满足企业快速创新的需求。因此受到越来越多企业的青睐。

JJ智能敏捷开发云平台开创的低代码、免代码开发模式，使开发者仅仅通过清晰的开发向导指引、拖动式开发、可视化设计，就能完成一个简单的功能开发，所见即所得、敏捷灵活、开发快速。而且能一键生成APP、小程序等多端应用。

JJ智能敏捷开发云平台将复杂的页面、逻辑、列表等存储为参数组件，开发人员只需要将各种参数组件进行组合配置，就能按需实现管理软件的搭建。因此，企业只需要针对少数业务人员进行平台使用培训和简单代码的使用培训，就可以根据公司流程进行企业应用系统的搭建，更加符合企业实际业务需求。

JJ智能敏捷开发云平台全新的开发模式，突破思维的局限性，降低软件开发的技术门槛，提高软件开发的效率，让开发者能够有更多的精力专注于战略和创新，有效地解决了技术人力成本高的情况。

本书由厦门理工学院刘斌、吉鼎（厦门）科技有限公司陈云亮、陈记录主编，厦门理工学院肖伟东主审。在编写过程中得到了厦门理工学院和吉鼎（厦门）科技有限公司的指导和帮助。

由于作者水平有限，本书不可避免会存在一些错误、不准确以及其他问题，恳请读者见谅并能及时提出宝贵意见。

编者

2020 年 8 月

目　　录

第 1 篇　敏捷开发及平台概述

第2篇　JJ智能敏捷开发云平台开发及管理

第 1 篇　敏捷开发及平台概述

第1章　敏捷开发概述

随着 5G 通信的落地，未来物联网平台和人工智能平台会得到更多的关注，很多行业领域的创新应用都会基于物联网平台和人工智能平台展开，这也在很大程度上降低了软件开发的创新门槛。但是随着企业内外环境复杂性的增加和变化速率的不断提升，软件应用的业务需求也随之不断增加，软件应用的功能边界也逐渐得到了拓展，传统软件开发显然已无法适应这种新的变化。

与此同时，敏捷开发（Agile Development）作为一种高效的软件开发方法而被人们所熟知。凭借敏捷的开发特点，它能够帮助企业加速软件的上线、试错和迭代，满足企业快速创新的需求，因此受到了越来越多企业的青睐。

近年来，敏捷软件开发在软件领域有了良好的发展势头并逐渐被推广开来。一些著名的公司（如谷歌、微软、雅虎）和众多的中小公司都已经开始采用敏捷开发。

1.1　敏捷开发的概念

敏捷开发是非常流行的软件开发方法。敏捷开发将用户的需求进化为核心，采用迭代、循序渐进的方法进行软件开发。

敏捷开发的核心是迭代开发（Iterative Development），其采用迭代开发的方式。

对于大型软件项目，传统的开发方式是采用一个大周期（如一年）进行开发，整个过程就是一次"大开发"；迭代开发的方式则不同，它将开发过程拆分成多个小周期，即一次"大开发"变成多次"小开发"，每次"小开发"都使用同样的流程，看上去就像在重复地做同样的操作。迭代开发将一个大任务分解成多次连续的开发，其本质就是逐步改进。开发者先快速发布一个有效但不完美的最简版本，然后不断迭代。每一次迭代都包含规划、设计、编码、测试、评估 5 个步骤，不断改进产品，添加新功能。通过频繁的发布，以及跟踪对前一次迭代的反馈，最终接近较完善的产品形态。敏捷开发迭代过程如图 1-1所示。

图 1-1　敏捷开发迭代过程

1.2 使用敏捷开发的特点

许多人好奇，谁能真的从敏捷开发中受益，以及怎样才能受益。接下来将从 5 个重要的方面来介绍应用敏捷开发的原则和价值，以及分析从长远来看，参与人员将如何受益，如图 1-2 所示。

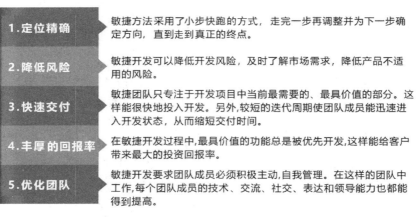

1.定位精确	敏捷方法采用了小步快跑的方式，走完一步再调整并为下一步确定方向，直到走到真正的终点。
2.降低风险	敏捷开发可以降低开发风险，及时了解市场需求，降低产品不适用的风险。
3.快速交付	敏捷团队只专注于开发项目当中当前最需要的、最具价值的部分。这样能很快地投入开发。另外，较短的迭代周期使团队成员能迅速进入开发状态，从而缩短交付时间。
4.丰厚的回报率	在敏捷开发过程中,最具价值的功能总是被优先开发,这样能给客户带来最大的投资回报率。
5.优化团队	敏捷开发要求团队成员必须积极主动,自我管理。在这样的团队中工作,每个团队成员的技术、交流、社交、表达和领导能力也都能得到提高。

图 1-2　敏捷开发的特点

1.3 敏捷开发宣言

2001 年 2 月 11 日至 13 日，17 位软件开发领域的领军人物聚集在美国犹他州的滑雪胜地——雪鸟雪场。经过两天的讨论，"敏捷"（AGILE）这个词为全体参会者所接受，用以概括一套全新的软件开发价值观。这套价值观通过一份简明扼要的"敏捷开发宣言"传递给世界，宣告了敏捷开发运动的开始。参会者包括来自极限编程、SCRUM、DSDM、自适应软件开发、水晶系列、特征驱动开发、实效编程的代表，还包括希望找到文档驱动、重型软件开发过程的替代品的一些推动者。敏捷开发宣言的参与者如图 1-3 所示。

敏捷开发宣言是对敏捷开发的

图 1-3　敏捷开发宣言的参与者

高度总结和升华，即使现在不理解也没有问题，在实践的过程中会逐渐对它有一个深刻地认识。在敏捷开发宣言中，主要提出了四大核心价值和 12 条准则。

四大核心价值如图 1-4 所示。

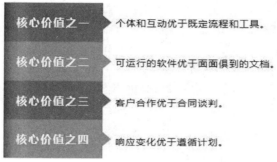

核心价值之一　个体和互动优于既定流程和工具。

核心价值之二　可运行的软件优于面面俱到的文档。

核心价值之三　客户合作优于合同谈判。

核心价值之四　响应变化优于遵循计划。

图 1-4　四大核心价值

12 条准则如图 1-5 所示。

1.持续交付　最重要的目标是通过尽早的、持续的交付有价值的软件来使客户满意。

2.拥抱变化　即使到了开发的后期，也欢迎改变需求，敏捷开发过程利用变化来为客户创造竞争优势。

3.小步前进　经常性地交付可以工作的软件，交付的间隔可以从几个星期到几个月，交付的时间间隔越短越好。

4.紧密合作　在整个项目开发期间，业务人员和开发人员必须相互合作。

5.以人为本　围绕被激励起来的个体来构建项目，为其提供所需的环境和支持，并且信任其能够完成工作。

6.面对面沟通　在团队内部，最具有效果并且富有效率的传递信息的方法就是面对面的交流。

7.尽早交付　工作的软件是首要的进度度量标准。

8.稳步可持续　敏捷开发过程提倡可持续的开发速度。责任人、开发和用户应该能够保持一个长期的、恒定的开发速度。

9.追求卓越　不断地关注优秀的技能和好的设计会增强敏捷能力。

10.大道至简　以简洁为本，它是极力减少不必要工作量的艺术。

11.自组织团队　最好的构架、需求和设计出自于自组织的团队。

12.定期反思　每隔一定时间，团队会在如何才能更有效地工作方面进行反省，并相应地对自己的行为进行调整。

图 1-5　12 条准则

1.4 本章小结

本章主要介绍了什么是敏捷开发，为什么使用敏捷开发及敏捷开发宣言？学习完本章后，应当做到以下几点。

➤ 了解什么是敏捷开发，理解敏捷开发的特点；

➤ 了解敏捷开发宣言的历史背景，理解其四大核心价值和 12 条准则。

第 2 章　JJ 智能敏捷开发云平台概述

从本章开始，将了解和学习 JJ 智能敏捷开发云平台。

2.1　JJ 智能敏捷开发云平台

JJ 智能敏捷开发云平台是一个覆盖软件项目需求分析、设计、开发、测试、运行、维护与管理等功能的全栈式智能敏捷开发平台，其包含软件开发工具及服务引擎两大功能模块，适用于各领域信息管理系统的开发与集成管理。

JJ 智能敏捷开发云平台对底层技术和公共应用进行了全面封装，是面向组件和服务的开发模式，开发人员无须经过烦琐的编程代码去实现功能需求，而只需使用参数即可配置生成系统，从而更加专注于软件项目业务需求的设计，提高软件的开发效率及产品质量。

JJ 智能敏捷开发云平台就像是一个软件组建器，要开发一套软件，只需要在此平台上将这套软件运行所需的页面、逻辑、流程配置出来，就能"组合"成一套完整的系统。

开发软件所需的页面、逻辑、流程等底层逻辑代码已经由 JJ 智能敏捷开发云平台编写完成，开发者需要做的只是"组合"工作。就像儿童搭积木一样，不同造型的积木块已经准备好了，需要做的仅仅是将每块积木自由组合起来，搭成想要的形状，如图 2-1 所示。

图 2-1　JJ 智能敏捷开发云平台

2.2　JJ 智能敏捷开发云平台的特点

JJ智能敏捷开发云平台能解决的问题如图 2-2 所示。

1.让开发简单又灵活	其提供了PaaS和SaaS平台服务，以及海量的系统模块及功能插件，能够做到真正的云开发、云部署、云应用。
2.实现软件极速开发	基于免编码的敏捷开发技术，能够从源头提高软件开发效率，提升产品质量，节省软件成本。
3.增强企业服务能力	其能够解决企业各系统之间的数据互通，打通企业内部横向联系，让管理集中及操作下沉，并解决和上下游供应商及客户信息交流的纵向联系。
4.一次开发重复利用	其可轻松实现定制化需求，开发成果可复用、可继承，可跟随业务变化而更新迭代，一次性解决企业软件应用困扰。
5.增强软件互助融合性	基于此平台开发的软件，能够实现不同软件开发者及软件模块之间的融合与互助，让软件成果有更高的可用性及价值。

图 2-2　JJ 智能敏捷开发云平台能解决的问题

JJ智能敏捷开发云平台以企业应用软件需求为导向，使软件开发过程直观化、可视化，通过拖曳的方式简化了软件开发流程，提高了软件开发效率，使更多人可以参与到软件开发中，提高了行业生产力，促进了 IT 行业的能效变革。其特点如图 2-3 所示。

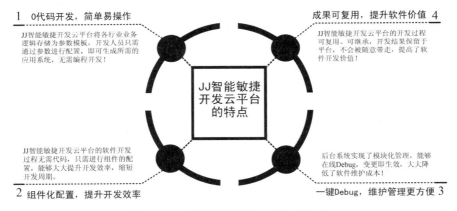

图 2-3　JJ 智能敏捷开发云平台的特点

2.3　JJ 智能敏捷开发模式和传统开发模式的对比

相对于传统开发模式，JJ 智能敏捷开发云平台有很多优势，如图 2-4 所示。

传统开发模式	JJ智能敏捷开发云平台
复杂的代码开发，开发人员多，耗时久，成本高	0代码开发，直接配置参数组件，工期短，成本低
系统更新维护便利性差，不能实现即改即生效	软件功能修改便捷，即改即生效，不耽误业务进行
单机开发模式，开发环境不灵活	"云+端"开发模式，随时随地开发与保存
开发门槛高，开发者需具备专业的编程知识	开发门槛低，软件公司、行业专家、学生等皆可使用
软件系统查错步骤复杂，Bug多且难发现	底层代码由平台管理，Bug少，且可在线Debug，查错方便
代码容易被窃取、被复制，安全性差	开发结果不会被复制，开发软件价值更高

图 2-4　传统开发模式与 JJ 智能敏捷开发云平台对比

　　传统的开发模式是通过代码将需求转换为产品，而使用 JJ 智能敏捷开发云平台进行研发的过程是将需求转换为参数，参数以数据的形式存放在数据库中，通过 JJ 智能敏捷开发云平台运行 ENGINE 进行解析，将产品的结果展现在客户面前，如图 2-5 所示。

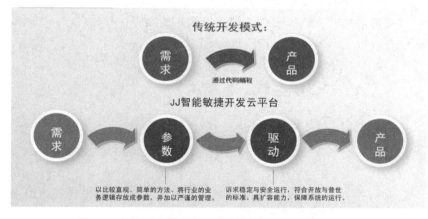

图 2-5　传统开发模式与 JJ 智能敏捷开发云平台的区别

2.4　JJ 智能敏捷开发云平台的发展历程

　　JJ 智能敏捷开发云平台是由软件的开发过程演变而来的，所以涉及软件开发的全过程管理。此平台在 20 世纪 80 年代的版本中将代码编程开发软件的形式转换成为参数化配置模式；在 20 世纪 90 年代的版本中增加了在线调试和测试的功能，并增加了数据库参数；2003 年，此平台将开发工具底层语言转换成为 Java 语言；2009 年，此平台的应用场景扩展到了各行业的信息管理系统；2013 年，此平台发展为开放的云平台，如图 2-6 所示。其每一次更新、升级都极大地提升了平台的适应性和易用性，且始终保留了核心的设计思想。

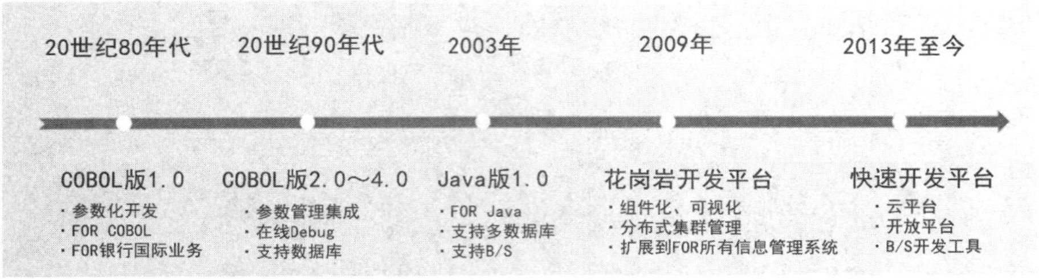

图 2-6　JJ 智能敏捷开发云平台的发展历程

2.5　本章小结

本章主要介绍了 JJ 智能敏捷开发云平台。学习完本章后，应当做到以下几点。

➤ 了解什么是 JJ 智能敏捷开发云平台；

➤ 了解 JJ 智能敏捷开发云平台能解决什么问题；

➤ 了解 JJ 智能敏捷开发云平台和传统开发模式的异同；

➤ 了解 JJ 智能敏捷开发云平台的发展历程。

第3章 JJ智能敏捷开发云平台的组成及基本操作

本章将对JJ智能敏捷开发云平台的组成及基本操作进行介绍，主要从登录作业、构成与界面展现、用户申请与授权、会员注册及登录等方面展开。

3.1 登录作业

使用JJ智能敏捷开发云平台进行软件开发的第一步是登录开发环境与运行环境，本节将会详细介绍。

3.1.1 登录开发环境

打开JJ智能敏捷开发云平台后进入其登录界面，如图3-1所示，输入账号和密码后单击"登录"按钮即可。

图3-1 登录界面

此时，进入操作主界面，如图3-2所示。界面中显示了几种在开发过程中常用的参数，包括新建功能、新建数据表、新建页面、新建报表、新建接口等。此外，还显示了新建授权、开发者交易中心及教育中心模块，可直接单击各图标进入相应的界面。

图 3-2　操作主界面

3.1.2　登录运行环境

　　进入 JJ 智能敏捷开发云平台运行环境的登录界面，输入账号和密码后单击"登录"按钮即可登录运行环境，如图 3-3 所示。

图 3-3　前台登录界面

　　此时，进入前台主界面，通过此界面左侧的菜单可以查看并运行各个功能，如图 3-4 所示。

图 3-4 前台主界面

3.2 构成与界面展现

本节主要介绍开发端操作主界面的构成，包括菜单栏及工具栏的使用。其中，菜单栏部分主要介绍菜单栏中的"功能""授权"和"版本"等常用菜单，并简要介绍其他菜单；工具栏部分主要介绍"系统变量表"按钮、"新建"按钮、"保存"按钮、"数据表调用"按钮、"功能列表调用"按钮、"控件库"按钮、"代码联想"按钮、"TODO"按钮、"插入注释"按钮、"外观"按钮和"代码编辑器"按钮。

3.2.1 菜单栏

菜单栏主要由"功能""授权""版本"等菜单组成，如图 3-5 所示。下面将一一介绍这些菜单的用途。

图 3-5 菜单栏

(1)"功能"菜单用于展示系统现存的所有功能，用户通过此菜单可打开并查看所有功能，如图 3-6 所示。

图 3-6 "功能"菜单

(2)"授权"菜单主要用于用户、角色及菜单的授权，通过授权可实现用户权限的设置。用户的权限与角色相关联，用户通过成为适当角色的成员而得到这些角色的权限。同理，这些角色的权限通过授予相应的菜单来获得，而这需要通过操作用户授权来实现。如图 3-7 所示，选择"授权"选项后，弹出"授权"菜单的子菜单，开发过程中常用的有"角色管理""用户管理"和"菜单管理"。

图 3-7 "授权"菜单

(3)JJ智能敏捷开发云平台提供了完善的版本管理功能，研发人员在系统中进行的增、删、改等动作都会记录在参数的版本库中。因此，研发人员不用担心进行了参数的误操作，他们可以随时将参数恢复到想要的版本状态，并且提交到线上的更新包，按指定的版本进行打包操作。

"版本"菜单中包括版本的导入、导出、导入历史、导出历史、版本管理，如图3-8所示。参数的每一次变动都会记录在版本管理中，并且可以通过"导出"选项导出开发好的参数版本，此导出信息会记录在导出历史中，也可在线上环境中进行导入操作，导入的参数包也会记录在导入历史中。

图3-8 "版本"菜单

"版本"菜单的用法。

参数导入的基本步骤如下。

①单击"请选择要导入的文件"按钮，选择要导入的参数包；

②单击"提交到版本库"按钮，完成参数导入；

③单击"提交到版本库"按钮前，可先单击"检查版本库"按钮检查该参数包是否已存在。

具体操作如图3-9所示。

参数导出的基本步骤如下。

①选择"导出"选项，进入参数导出界面；

②填写导出参数包的基本信息，包括主键、版本号，选择是否仅显示最新版本的参数，单击"查询"按钮，查询版本库中的参数，查询结果将显示在界面的左侧；

③选中列表中要导出的参数并将其移至列表右侧，填写备注信息，单击"导出"按钮即可。

具体操作如图3-10所示。

图 3-9　参数导入

图 3-10　参数导出

导入历史与导出历史的基本步骤如下。

①选择"导入历史"/"导出历史"选项，进入导入历史/导出历史界面。界面左侧为导入/导出参数列表，右侧显示参数详情；

②选中导入/导出的参数，选中的参数详情会展示在界面右侧列表中；

③如果需要下载参数，则可直接单击"打包下载"按钮下载选中的参数。

具体操作如图 3-11 所示。

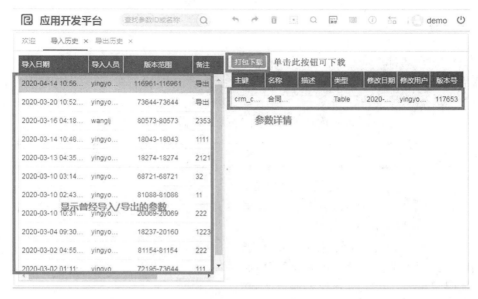

图 3-11　导入历史/导出历史

版本管理的基本步骤如下。

①输入参数主键后单击"查询"按钮，进入版本管理界面，界面下方的列表中将显示所查询参数的版本信息；

②选中参数的某一版本，单击"版本找回"按钮，可将该参数修改至选中的版本状态。

具体操作如图 3-12 所示。

图 3-12　版本管理

3.2.2 工具栏

工具栏分为两部分，左侧工具栏中主要有撤销和恢复、删除、搜索、注释、外观、代码编辑器、系统变量表等按钮，右侧工具栏中主要有新建、保存、控件库、功能列表调用、数据表调用等按钮。如图 3-13 所示，其中，撤销和恢复、删除、搜索等按钮的用法与 Office 软件中相应按钮的用法一致，此处就不再做介绍。

图 3-13　工具栏

（1）左侧工具栏中按钮的用法。

①注释：用于对代码进行注释，方便代码的阅读和维护。

②外观：用于设置开发平台界面的显示效果。

③代码编辑器：用于设置代码编辑区域的显示效果。

④系统变量表：用于查看平台所涉及的所有系统变量。

（2）右侧工具栏中按钮的用法。此工具栏在功能开发过程中的使用频率较高，右侧工具栏如图 3-14 所示，此工具栏被选中后可移动。

图 3-14　右侧工具栏

①新建：单击此按钮可新建参数。单击此按钮后会弹出"新建参数向导"对话框，可在该对话框中选择新建的参数类型，设置参数主键、名称、描述等，如图 3-15 所示。JJ 智能敏捷开发云平台所有参数的新建都是从这一步骤开始的。

图 3-15　"新建参数向导"对话框

②保存  ：单击这两个按钮，可实现单个文件的保存或全部文件的保存。

③数据表调用 ：单击此按钮，可调用与所做参数关联的数据表，也可通过 Alt＋4 快捷键来实现。单击此按钮后，可弹出数据表窗格，如图 3-16 所示。

图 3-16　数据表窗格

④功能列表调用 ：单击此按钮，可调用平台内所有已保存的功能参数，也可通过 Alt＋5 快捷键来实现，还可以直接在列表中拖动选中的功能进行授权。单击此按钮后，可打开功能列表窗格，如图 3-17 所示。

图 3-17　功能列表窗格

⑤控件库 ：单击此按钮，可调用控件库，也可通过 Alt＋6 快捷键来实现。在开发过程中，当需要调用控件时，可单击此按钮，弹出控件库，将需要调用的控件从控件库中直接拖曳到界面中即可，如图 3-18 所示。

图 3-18　控件库

3.3　用户申请与授权

用户申请是使用 JJ 智能敏捷开发云平台进行软件开发的第一个步骤。在此平台申请用户之后可以对用户进行授权，以设置其权限。本节主要介绍如何进行用户申请及授权。

1. 用户申请

用户申请是使用 JJ 智能敏捷开发云平台前必须执行的一个步骤，可在 JJ 智能敏捷开发云平台注册账号后申请项目，申请审核通过后，系统会发送开发端及运行端账户信息至申请时填写的手机中。

2. 授权

下面从用户授权、角色授权及菜单授权 3 个方面进行介绍。

(1)用户授权：对用户进行授权的具体步骤如下。

【步骤 1】选择"授权"菜单中的"用户管理"选项，如图 3-19 所示。

【步骤 2】进入用户管理界面，此界面中包含左侧的用户列表及右侧的用户维护页面，如图 3-20 所示。可在此界面中新增用户并设置用户所属机构及角色，也可选中左侧用户列表中的用户进行设置。

图 3-19 "授权"菜单

图 3-20 "用户管理"选项

（2）角色授权：用于对用户的角色授予功能，通过将功能所属菜单授权给角色来完成，具体步骤如下。

【步骤 1】选择"授权"菜单中的"角色管理"选项，如图 3-21 所示。

【步骤 2】进入角色管理界面，此界面中包含左侧的角色列表及右侧的角色维护页面，如图 3-22 所示。可在此界面中新增角色并设置该角色被授予使用的菜单，也可选中左侧角色列表中的角色进行菜单授权设置。

（3）菜单授权：主要用于将功能授权给某个菜单。授权后，可登录前台，找到对应菜单，选择授权给这个菜单的功能进行测试或使用，具体步骤如下。

图 3-21 "授权"菜单中的"角色管理"选项

图 3-22 "角色管理"选项

【步骤 1】选择"授权"菜单中的"菜单管理"选项，如图 3-23 所示。

【步骤 2】在菜单管理界面中新增菜单并设置该菜单被授予使用的功能，也可选中左侧菜单列表中的菜单进行授权设置，如图 3-24 所示。

此时，通过单击工具栏中的"功能列表调用"按钮或按 Alt＋5 快捷键，打开功能列表窗格，在此窗格中输入功能主键后单击"查询"按钮，找出要授权的功能，并将其拖曳到界面右下方的列表中，如图 3-25 所示。

在完成上述用户申请与授权之后，即可开始使用 JJ 智能敏捷开发云平台开发软件。

图 3-23 "授权"菜单中的"菜单管理"选项

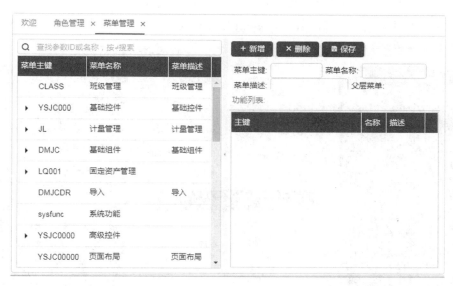

图 3-24 菜单授权(一)

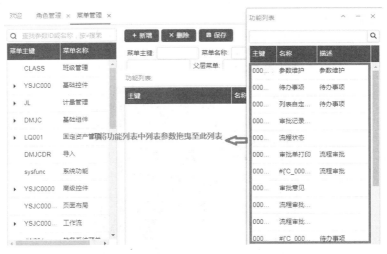

图 3-25　菜单授权(二)

3.4　会员注册及登录

　　会员注册及登录地址为 https://www.jikaiyun.com/,单击"注册/登录"按钮,即可进入注册及登录界面,如图 3-26 所示。

图 3-26　会员注册及登录界面

3.5 本章小结

本章主要介绍了JJ智能敏捷开发云平台的组成及基本操作。学习完本章后，应当做到以下几点。

➤ 掌握如何登录JJ智能敏捷开发云平台的开发环境和运行环境；

➤ 熟悉JJ智能敏捷开发云平台的构成与界面；

➤ 掌握JJ智能敏捷开发云平台的用户申请与授权；

➤ 掌握JJ智能敏捷开发云平台的会员注册及登录方法。

第 2 篇　JJ 智能敏捷开发云平台开发及管理

第4章 基础篇

在学习了敏捷开发、JJ 智能敏捷开发云平台及基本操作之后，通过案例进一步学习 JJ 智能敏捷开发云平台的开发（以下简称为 JJ 开发）。

在本章中，将会以人力资源管理信息系统入手，分别从系统设计到 JJ 开发、通过数据表一键生成基本增删改查功能、快速实现基本增删改查功能、丰富的页面控件、灵活多样的列表操作、事件调用与功能串接、快速的审批流程配置、业务逻辑与脚本处理、Excel 模板报表、图表配置和大屏显示等方面，详细介绍开发过程。

4.1 从系统设计到 JJ 开发

4.1.1 从实际案例入手——人力资源管理信息系统

人力资源管理信息系统（Human Resources Management Information System，HRMIS）是指一个由具有内部联系的各模块组成的，能够用来搜集、处理、储存和发布人力资源管理信息的系统，该系统能够为单位的人力资源管理活动的开展提供决策、协调、控制、分析及可视化等方面的支持。

人力资源管理信息系统从人力资源管理的角度出发，用集中的数据对所有与人力资源相关的信息（包含组织机构、人事数据、异动管理、转正管理、员工奖惩、离职管理、月报查询、人事提醒、退休管理、健康监控、考勤管理、薪资管理、社保管理、合同管理等）进行统一管理。

4.1.2 功能结构分析

完整的人力资源管理信息系统功能强大，包含的功能模块较多，一级模块有 15 个，具体如图 4-1 所示。

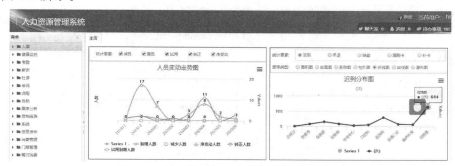

图 4-1 人力资源管理信息系统的一级模块

如要对此系统进行详细分析，先对系统的功能架构进行细分。本章将会挑选一些模块进行实现。这里主要实现如图 4-2 所示的功能模块。

ID	名称	多国语言标识	调用参数ID	页面参数类型	画面类型	菜单/功能标识	默认语言
OAHRD	人事维护	Y		menu	2	M	zh_cn
OAHRD010	人事资料维护	Y	OAHRD010PY01	page	2	C	zh_cn
OABMD	部门管理	Y		menu	2	M	zh_cn
OABMD010	部门管理	Y	OABMD010PY01	page	2	C	zh_cn
OAGWD010	岗位设置	Y	OAGWD010PY01	page	2	C	zh_cn
OAZWD010	职务管理	Y	OAZWD010PY01	page	2	C	zh_cn
OABMD020	组织机构图	Y	OABMD020PY01	page	2	C	zh_cn
OAKQ	考勤	Y		menu	2	M	zh_cn
OAPB000	排班管理	Y		menu	2	M	zh_cn
OAPB010	上班时段设置	Y	OAPB010PY01	page	2	C	zh_cn
OAPB020	班次基础设置	Y	OAPB020PY01	page	2	C	zh_cn
OABB020	考勤月报	Y	OABB020PY01	page	2	C	zh_cn
OAFX010	人事分析	Y	OAFX010PY01	page	2	C	zh_cn
OAKQ050	考勤分析	Y	OAKQ050PY01	page	2	C	zh_cn
OAQJ	请假管理	Y		menu	2	M	zh_cn
OAQJ010	请假申请	Y	OAQJ010PY01	page	2	C	zh_cn
OAGC	公出管理	Y		menu	2	M	zh_cn
OAGC010	公出申请	Y	OAGC010PY01	page	2	C	zh_cn
OAJB	加班管理	Y		menu	2	M	zh_cn
OAJB010	加班申请	Y	OAJB010PY01	page	2	C	zh_cn
OABK	补卡管理	Y		menu	2	M	zh_cn
OABK010	补卡申请	Y	OABK010PY01	page	2	C	zh_cn
OAZL	指令下发	Y		menu	2	M	zh_cn
OAZL010	移动端考勤打卡拍照	Y	OAZL010PY01	page	2	C	zh_cn
OAZL020	企业微信指令	Y	OAZL020PY01	page	2	C	zh_cn
OADP	人事大屏	Y		menu	2	M	zh_cn
OADP010	人事大屏	Y	OADP020PY01	page	2	C	zh_cn

图 4-2　功能模块

4.1.3　数据结构分析与数据建模

在人力资源管理信息系统中，需要的报表数量较多，本章不详细介绍数据结构分析与数据建模，相关内容可以参考数据库相关课程。人力资源管理信息系统涉及的主要数据如表 4.1 所示。每张表的表结构等详细信息可到吉开云开发者的 https：//bbs．jikaiyun.com 的网站下载中心人力表结构项下载人力资源管理系统（教材）.xls 文件，不需要再新建表。

表 4.1　人力资源管理信息系统涉及的主要数据表

数据表中文名称	数据表英文名称
考勤区间表	oa_attence_interval
考勤参数表	oa_attence_param
考勤用户表	oa_attence_user
补卡申请表	oa_card
考勤明细表	oa_card_detail
部门表	oa_department_info
部门班次表	oa_depart_class
部门人员班次生成主表	oa_depart_staff
部门人员班次生成明细表	oa_depart_staff_info
部门岗位分配表	oa_gangwei_allot
岗位表	oa_gangwei_info

数据表中文名称	数据表英文名称
部门班组人员班次生成主表	oa_group_class
部门班组人员班次生成明细表	oa_group_class_detail
上班时段时间表	oa_interval_time
月结账管理	oa_month_checkout
考勤月报	oa_month_report
加班申请表	oa_overtime
人事资料表	oa_personnel_info
职务表	oa_postsystem_info
考勤排班-人员打卡数据月报	oa_staff_card_month
出差申请表	oa_trip
请假申请表	oa_vacate
请假申请历史表	oa_vacate_his
请假类型表	oa_vacate_type
人事月报	hr_info_month
时段明细表	oa_interval_detail
班次生成表	oa_class_create
班次生成明细表	oa_class_create_detail
班次明细表	oa_class_detail
班次信息表	oa_class_info
人员班次主表	oa_staff_class
人员班次明细表	oa_staff_class_info
设备区域表	machinesarea
设备表	machines_hr
在线试考勤机指令下发记录表-接口表	MachineOperComm
钉钉设备下发指令表	QiyeweixinOperComm
考勤月报	kqdatamonthreport

4.1.4 快捷完成数据建模

在 JJ 智能敏捷开发云平台中进行数据建模时,只要设计好表结构,并通过直接导入 Excel 文档的方式即可完成快捷数据建模。实现快捷数据建模的步骤如下。

（1）选择"数据库"菜单中的"参数表管理"选项，再选择"Excel 模板"选项并下载模板；

（2）打开 tables_temp. xls，按模板格式要求创建数据表；

（3）再次选择"数据库"菜单中的"参数表管理"选项，选择"Excel 导入"选项，将创建好的数据表 tables_temp. xls 文件导入，也可选择需要导入的工作表，完成参数表的创建；

（4）选择导入的参数表，生成真实表。

具体操作步骤如下。

【步骤 1】打开 JJ 智能敏捷开发云平台，选择"数据库"菜单中的"参数表管理"选项，然后选择"Excel 模板"选项，如图 4-3 所示。

图 4-3　选择"Excel 模板"选项

【步骤 2】打开文件 tables_temp. xls，创建系统所需的数据表，如图 4-4 所示。

图 4-4　创建数据表

【步骤 3】选择"数据库"菜单中的"参数表管理"选项后，选择"Excel 导入"选项，选择需要导入的工作表进行导入，如图 4-5 和图 4-6 所示。

图 4-5　选择"Excel 导入"选项

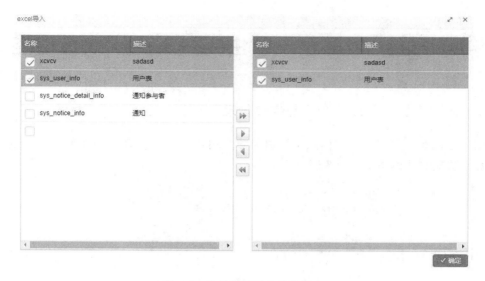

图 4-6　选择需要导入的数据表

用户可以选择已下载的《人力资源管理系统》（教材）．xls 文件进行导入。

【步骤 4】进入参数表管理界面，搜索所需参数表，单击"生成真实表"按钮，将参数表转换为真实表，如图 4-7 所示。

图 4-7　生成真实表

至此，快捷数据建模操作结束，即将进入功能实现阶段。

在快捷完成数据建模的过程中，需注意两点：一是导出的 Excel 文档名称为 tables_temp.xls，不可重命名；二是 Excel 导入的表是参数表，需要生成真实表才能使用。

4.2 通过数据表一键生成基本增删改查功能

4.2.1 入门案例——部门管理与字典管理

部门管理在人力资源管理信息系统中十分常用，主要用于管理企业部门架构及信息。部门管理功能页面效果如图4-8所示。

图 4-8 部门管理功能页面效果

实现部门管理功能的步骤如下。

(1)打开部门表参数，单击"自动生成功能"按钮，弹出"生成功能向导"对话框；

(2)在对话框中分别输入要新建的部门管理功能 ID 及名称；选择表单列数、按钮显示位置和是否关联子表；

(3)在"生成功能向导"对话框左下方选择部门管理页面左侧列表中要展示的栏位；在右下方选择要展示在部门管理页面右侧区域的栏位；

(4)单击"生成功能"按钮，生成部门管理功能即可。如图4-9所示。

图 4-9 实现部门管理功能

字典管理功能在各个系统中比较常用，主要用于维护系统中常用的公共字段。字典管理功能页面效果如图 4-10 所示。

图 4-10　字典管理功能页面效果

实现字典管理功能的步骤如下。

（1）打开数据表，设置字段约束类型；

（2）在数据表中单击"自动生成功能"按钮后，弹出"生成功能向导"对话框，对页面进行布局；

（3）调整页面控件。

具体操作步骤如下。

【步骤 1】打开数据字典表，对表中"字典类型"和"字典代码"两个字段设置字段约束类型，如图 4-11 所示。

图 4-11　设置字段约束类型

设置字段约束条件时，可在对应栏位单击"放大镜"按钮，弹出"关联"对话框，在对话框中选择约束条件即可。

　　注意：字典类型有3种选择，分别为默认、字典表和关联表，可根据业务需求选择要调用的数据表，并选择字典代码进行数据约束。

　　【步骤2】在数据表中单击"自动生成功能"按钮后，弹出"生成功能向导"对话框，在对话框中对页面进行布局，如图4-12所示。

图 4-12　对页面进行布局

　　字典管理功能与部门管理功能之间最大的差别在于字典管理功能存在关联子表。字典管理功能需要选择关联的子表、主表与子表之间的关联字段和子表在主表中展示的字段，如图4-13所示。

图 4-13　设置关联子表

选择完与子表相关的信息后，单击"生成功能"按钮，生成功能页面，如图 4-14 所示。

图 4-14　生成功能页面

【步骤 3】按照图 4-10 调整并美化字典管理功能页面。

①将"是否显示""可否编辑""是否有效"3 个字段的控件从 combobox 改成 radiogroup，操作方法可参考 4.4 节中的内容，如图 4-15 所示。

图 4-15　调整页面控件

将控件调整为 radiogroup 后，为了使页面更加美观、更加协调，可将"是否显示""可否编辑""是否有效"3 个字段与"分类代码""级别""上级编码"3 个字段放置在一起，如图 4-16 所示。

②将"上级编码""级别"的标签改为"上级"和"级别"，并将控件设置为只读。调整控件的宽度，为了使"级别"的值在变动时"上级编码"随之刷新，需要对"级别"字段使用的 combobox 控件的 event 属性进行设置，并在 SQL 语句中对其级别进行排序，"上级"字段的 SQL 语句涉及转义字符的使用，需要学生自行编写，具体如图 4-17 所示。

图 4-16　调整页面布局

图 4-17　设置 combobox 控件的属性

至此，实现了字典管理功能。

> 注意：在数据表中对某一字段选择关联表及字典代码后，可自动确定该字段使用的控件为 combobox，同时自动生成 SQL 语句。但当遇到需要编写排序或者判断的 SQL 语句时，则需要手动编写。

4.2.2　课后案例练习——用户授权

实现用户授权功能，如图 4-18 所示。

图 4-18　用户授权功能

用户授权功能实现说明如下。

(1)通过数据表中的自动生成功能快速开发用户授权的维护功能；

(2)职责描述、职责要求、备注均可多行输入；

(3)上级职务的控件为下拉列表；

(4)可进行基本的增删改查操作；

(5)其他的功能可由学生自由发挥。

4.3　快速实现基本增删改查功能

数据的增加、删除、修改和查询是应用软件系统中最为常用的功能。作为软件开发人员，如何高效地实现上述功能，并保证系统数据的正确性、规范性和有效性是非常重要的。

本节结合人力资源管理信息系统，以岗位设置功能为例，在具体实践中快速创建页面，并实现增删改查功能，同时，配有课后案例练习，以便在后续的开发工作中能够较好地完成类似功能的开发。

4.3.1 入门案例——岗位设置功能

岗位设置功能实现的基本步骤如下。

(1)通过向导实现功能页面的创建;

(2)通过配置页面中各控件的属性来实现页面各要素的设置;

(3)通过脚本动态改变页面中的要素在不同条件下的属性;

(4)通过对各个不同时间的业务逻辑(事件)实现相关的数据字段赋值、运算、检验、数据读取、存储,以及对外接口的调用等。

岗位设置功能位于主菜单的"组织机构"管理模块下,根据公司的岗位需求情况来设置相应的岗位,可以在"职责描述"中填写相应岗位的具体职责,也可以通过上传附件的形式添加岗位的具体说明。岗位设置功能如图 4-19 所示。

图 4-19　岗位设置功能

岗位设置功能实现的具体步骤如下。

【步骤 1】打开导入的岗位设置功能,如图 4-20 所示。

图 4-20　导入的岗位设置功能

【步骤 2】设置"引用参数"为"OAGW010PY01",右击"功能"按钮,在弹出的快捷菜单中选择"增加下层关系和参数"选项，如图 4-21 所示。

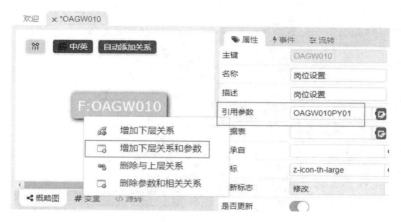

图 4-21 设置参数

【步骤 3】弹出"新建参数向导"对话框，输入主键及名称，单击"确定"按钮，如图 4-22 所示。

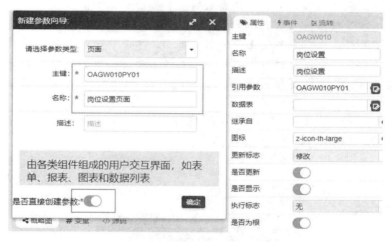

图 4-22 "新建参数向导"对话框

该对话框中各选项的解释如下。

请选择参数类型：通过 JJ 智能敏捷开发云平台配置出来的元数据被简称为参数。JJ 智能敏捷开发云平台的参数有十大类。其介绍及命名规则可参考附录 A。

主键：该参数的唯一 Key。

名称：该参数的名称，一般以作用为名称。

【步骤 4】单击"选择模板"按钮，弹出"选择模板"对话框，在其中选择"左表格右内容"选项，单击"下一步"按钮，如图 4-23 所示。

图 4-23　选择模板

　　"选择模板"对话框中各选项的解释如下。
　　空白模板：表示该模板需自定义数据列表和页面。
　　单内容：表示该模板只有页面。
　　上内容下表格：表示该模板上面为输入页面，下面显示一个数据列表。
　　上表格下内容：表示该模板上面显示一个数据列表，下面为输入页面。
　　左表格右内容：表示该模板左侧显示一个数据列表，右侧为输入页面。

　　【步骤 5】单击"新增"按钮，查找并选择"岗位表"，双击"岗位表"中的记录，如图 4-24 所示。

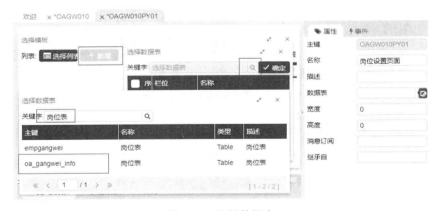

图 4-24　选择数据表

　　【步骤 6】按显示顺序选择需要显示在"岗位表"中的字段，单击"确定"按钮，如图 4-25 所示。

图 4-25　选择"岗位表"中的字段

列表数据字段的显示顺序为先选择的排在前面，后选择的排在后面。

【步骤 7】单击"选择数据表"按钮，查找并选择"岗位表"，双击"岗位表"中的记录，如图 4-26 所示。

图 4-26　选择数据表

【步骤 8】按显示顺序选择需要的岗位要素字段，如图 4-27 所示，运行页面时，将会按选择字段的顺序显示字段。完成设置后，单击"确定"按钮，回到模板主页。

图 4-27　选择字段

【步骤9】设置"列数"为"2"，在"按钮"选项组中选中"顶部靠左"单选按钮，设置"岗位类型 ID"为"AA100130"，单击"确定"按钮，如图 4-28 所示。

图 4-28 相关设置

注意：字典代码用于在数据字典中进行维护和查询，用户可在字典维护的公共功能中维护岗位的各种类型。

【步骤10】选择"事件"选项卡，单击"初始脚本"按钮，设置"岗位代码"在新增时为可输入，在修改时为保护项，单击"保存"按钮，如图 4-29 所示。

图 4-29 设置初始脚本

【步骤11】在"初始事件"对话框中为"创建人""创建时间""更新人""更新日期"赋值，如图 4-30 所示。该逻辑表示新增时对创建人（Createman）、创建时间（Createtime）赋初始值，修改时对更新人（Updateman）、更新日期（UpdateTime）赋初始值。

图 4-30　设置初始事件

初始脚本：在进入页面前对页面显示内容的调整。

初始事件：在进入页面前对部分字段进行赋初始值或者检验操作。

GWCode.readonly＝$814！＝'C'：在数据新增时，"岗位代码（GWCode）"字段为可输入，在其他状态下，"岗位代码（GWCode）"字段为只读项。

814：系统变量，表示该功能的 CRUD（增、读、改、删）状态。关于常用 8XX 的系统变量可以参考附录 B。

720：系统变量，表示当前操作用户 ID。关于常用 7XX 的系统变量可以参考附录 B。

&now：系统保留字，表示当前时间。关于 now 的系统保留字可以参考附录 B。

【步骤 12】设置各必需字段的必需属性，包括"岗位代码"和"岗位名称"。选择"高级属性"选项，找到 Constraint 属性，可选择其内置项，也可用正则表达式进行限制，其中，内置项"no empty"表示字段不能为空，单击"保存"按钮，保存已完成的开发，如图 4-31所示。

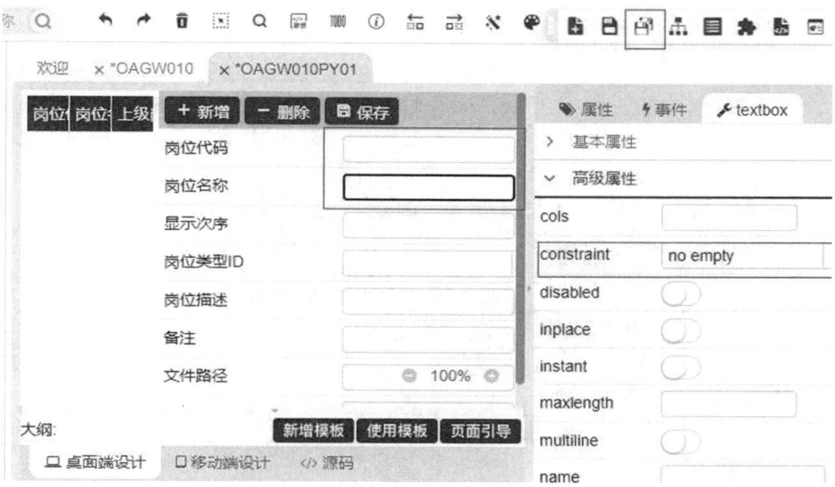

图 4-31　设置必需字段的必需属性

【步骤13】继续设置其他字段的属性，如设置"上级岗位"的控件为下拉列表时，可选中"上级岗位"文本框，将其由 textbox 改为 combobox，并配置其 query 属性为"上级岗位"，如图 4-32 所示。

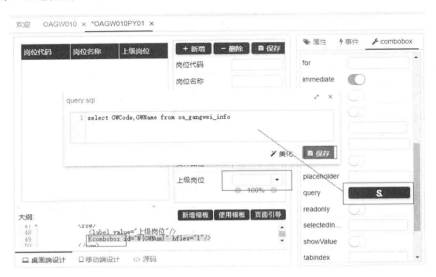

图 4-32　设置 query 属性

这里的 query 属性表示该下拉列表（combobox）的下拉选项的来源，"query：sql"对话框中的 GWCode 为值项，GWName 为显示的标签项。

【步骤14】设置附件上传。选择"文件路径"选项，将其修改为"附件"，配置该岗位附件的存放路径，需要按岗位配置路径。在用户输入岗位代码时，可通过事件配置路径，如图 4-33 所示。

图 4-33　设置附件上传

【步骤 15】选中"附件"文本框，将其中的 textbox 改为 explorer，并设置相应属性如图 4-34 所示。

图 4-34　设置附件属性

接着对 explorer 的 event 进行设置以确定目标 ID，从而使上传进系统的文件可以一一对应至每个岗位，具体如图 4-35 所示：

图 4-35　设置附件的目标 ID

"高级属性"选项中相关属性的具体含义如下。

cols：存在多个文件时，一行显示几个文件。

delete：文件是否可进行上传操作。

download：文件是否可以下载。

mkdir：是否可创建子目录。

multiple：是否可上传多个文件。

toolbar：是否显示工具栏。

【步骤16】单击"保存"按钮完成操作。

4.3.2　知识点

功能参数：功能在JJ智能敏捷开发云平台中是作为参数的入口存在的，功能可以被调用，也可以调用其他的参数。功能可以调用页面、批处理两个参数。

可通过以下方式调用功能。

(1)在菜单中进行授权；

(2)在任务调度中调用；

(3)在页面上被事件或者在逻辑中通过go方法来调用；

(4)通过页面上的工作组件来调用；

(5)功能之间的流转可以调用；

(6)API调用；

(7)主页中调用。

在进行功能参数的开发前，要参考"附录C　JJ参数命名规则"，按照编码规范的设计进行编排。

页面参数：页面参数的作用是展现给用户一个个页面，如可输入的页面、查询列表、图表、报表以及复杂的主副表等，页面可以执行事件、脚本和逻辑，支持复杂的业务处理，页面不仅能够通过设计向导来实现基本的功能，还能够通过配置更高级的属性和控件来实现更高级的功能。

列表参数：列表参数类似于Excel表格，将数据表中的数据以行和列的形式直观地展现在用户面前，列表可以支持单纯的数据查询，也可以用作输入保存数据，还可以做成统计报表的形式，或被平台的组件调用，因此列表参数在实际应用中经常被使用。

4.3.3　课后案例练习——职务管理

职务管理功能如图4-36所示，需要实现如下功能。

(1)实现职务的维护功能，包含的要素如图4-36所示；

(2)"职务代码"文本框在新增时可输入，修改时为只读项；

(3)"职责描述""职责要求""备注"文本框均可多行输入；

(4)"上级职务"为下拉列表框；

(5)可做基本的增删改查操作；

(6)其他功能可由读者自由发挥。

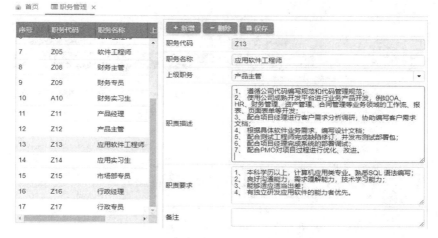

图 4-36　职务管理功能

4.4　丰富的页面控件

页面控件是可视化图形"元件"，如按钮、文本框等。在创建页面参数时，页面控件经常会被使用。JJ智能敏捷开发云平台提供了大量的页面控件，需要使用时，通过控件工具栏，拖曳至页面对应的位置即可。

本节结合人力资源管理信息系统，以"人事资料维护"功能为例，介绍在具体实践中如何完成页面控件的设置。

4.4.1　案例——人事资料维护功能

人事资料维护功能主要实现人事的基本资料维护，主要包括人事的基本信息，如人员的基本资料、学习经历、工作经历、人事变动、奖惩信息等。

功能实现的具体步骤如下。

(1)通过向导实现带列表功能页面的创建，即"人事资料列表"的创建；

(2)配置页面上的各操作按钮及列表查询条件；

(3)通过"控件工具"面板，布局配置"人事资料"主页面及人事资料基本信息；

(4)配置页面上各要素控件的属性，以实现不同的表现效果；

(5)通过 go 脚本函数实现"工作经历"子功能的内嵌调用；

(6)通过向导实现上列表下页面的"工作经历"子功能；

(7)按步骤(6)的方式实现其他子功能。

人事资料维护功能位于主菜单"人事数据"模块下，用于维护公司的人员信息及其变动情况。要求实现如图 4-37～图 4-39 所示的功能。

图 4-37　人事资料维护－人员列表

图 4-38　人事资料维护－基本信息

图 4-39　人事资料维护－工作经历

其他页面可以参照"工作经历"子功能的实现方法。

人事资料维护功能实现的具体步骤如下。

【步骤 1】打开导入的人事资料维护功能，可参考 4.3 节的操作步骤，通过向导快速实现人事资料列表功能，如图 4-40 所示。

图 4-40　人事资料列表

为了实现当双击列表数据时，可弹出对应的页面，并对数据进行修改，可对列表控件添加 pageId 属性，令 pageId＝"OAHR010PY02"。

注意：配置 pageId 属性的目的是为了实现当用户双击列表数据时，可打开人事资料维护页面，对列表数据进行修改。案例中的"OAHR010PY02"即为该修改页面主键。该页面的新建过程将会在后面的步骤中进行。

【步骤2】打开人事资料列表参数设置窗口（OARHD010QY01），在列表的"查询"面板区域配置有"新增""删除""导出""查询"按钮，如图 4-41 所示。

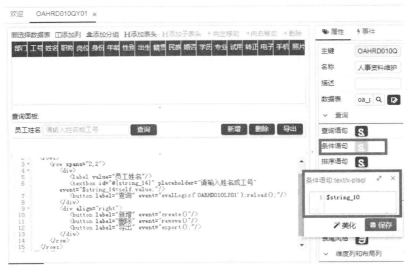

图 4-41　配置按钮

在列表属性的查询语句中引用了变量"string_10"，其目的是实现动态查询。为了实现此目的，需要单击"查询"按钮调用人事资料查询逻辑，如图 4-42 所示。

```
*OAHRD010QY01 ×    OARHD010LY01 ×
1    if (!isEmpty($string_14))
2    {
3      $sqlquery=$sqlquery+" and (username like '%"+ $string_14 + "%' or userId
       like '%"+ $string_14 + "%')";
4    }
5    $string_10= $sqlquery;
6    debug("sting========="+$string_10);
```

图 4-42　人事资料查询逻辑

注意：设置列表查询最为便捷的方式是在"查询"面板中设置"查询"按钮，"查询"面板可调用平台中的各种控件，一般为输入控件和按钮控件。

配置"新增""删除""导出""查询"按钮，可直接将按钮拖曳至面板编辑区，然后对按钮的 label 属性进行设置，如为"新增"按钮，则令 label="新增"，以此类推。设置列表属性之后，设置按钮的 event 属性，通过 event 属性调用事件，如令 event="create"，则此按钮将调用新增事件，单击该按钮可进行数据新增；若想用 event 属性调用逻辑，可令 event="evalLogic('逻辑主键')"，以此来调用逻辑。

在面板配置输入控件，可直接将输入控件拖曳至面板编辑区，然后对其placeholder属性进行设置。placeholder属性用于设置当输入框中没有值时的提示。

【步骤3】新建人事资料维护页面，如图4-38所示，页面左侧区域上方展示员工照片、姓名和部门，左侧区域下方为"基本信息"按钮、"学历信息"按钮、"工作经历"按钮和"所获荣誉"按钮。用户单击这4个按钮，可刷新右侧区域显示的对应信息。

单击"新建"按钮新建一个页面，然后采用borderlayout（方位布局）方式进行页面布局，如图4-43所示。

图4-43　方位布局

因为采用borderlayout方式进行页面布局，此时页面被划分为东、西、南、北、中5个部分，而此页面仅需要划分成左右两个区域，所以需要删除多余部分，删除后的效果如图4-44所示。

图4-44　修改方位布局

注意：borderlayout是布置容器的方位布局，是最常用到的布局，它可以对容器组件进行安排，并调整其大小，使其符合下列5个区域：北、南、中、西、东，每个区域里可再嵌套布局。通过相应的常量进行标识：north、south、center、west、east，在使用边框布局将一个组件添加到容器中时，要使用这5个常量中的1个。

> 在面板配置输入控件，可直接将输入控件拖曳至面板编辑区，然后对其 placeholder 属性进行设置。placeholder 属性用于设置当输入框中没有值时的提示。

由于左侧区域的信息是呈纵向排列，所以需要在左侧区域使用 vlayout(纵向布局)方式做页面左侧区域的布局，将整个左侧区域整体设置为纵向布局。然后，在 vlayout 中嵌入两个 vbox 控件，将左侧区域划分成上下两个部分，如图 4-45 所示。

图 4-45　纵向布局

> 注意：vlayout 和 vbox 都是纵向布局，一个 vlayout 或者 vbox 里不管添加多少个控件，在页面上都是呈纵向展示。与之相对应的是 hlayout 和 hbox(横向布局)，布局效果为一个 hlayout 或者 hbox 中不管添加多少个控件，在页面上都是呈横向展示。

对页面进行布局后，需要在布局中插入 grid(网格容器)，以便后续在页面配置各种控件，如图 4-46 所示。

图 4-46　插入 grid(网格容器)

> 注意：grid 是用来定义一个大块级的网格容器，是最常用的容器。grid 布置于布局中，其内部可以布置行(rows)和列(columns)，也可单独在页面布局中使用。

【步骤 4】根据功能需求配置页面控件，并对控件属性进行设置，以实现其在页面的展示效果。

为页面左侧上方区域配置控件，由于此处需要展示员工照片，因此需要配置图片控件；图片下方要展示员工姓名和部门，故使用标签控件来实现。具体设置如图 4-47 所示。

图 4-47　页面左侧控件设置

配置页面控件前需要先插入 rows(行容器)，再用 row 对其进行划分，共插入 4 个 row，划分出 4 行，依次在每一行插入控件。

插入图片控件前需要插入 cell 容器并将其设置为内容居中。然后，插入 div 容器，并在容器中插入图片控件。图片控件下一行插入上传控件，用于前台操作上传图片。

依次在 row 中插入 div 和 label，并对需要取值的 label 在页面初始脚本中进行取值。

注意：此时，rows(行容器)与grid和row搭配起来使用。而div(分隔区块)是小块级容器，一个div里不管放多少内容，都只占一列。所以，如果想将内容放在一列，可以用div来实现，既可以与row搭配使用，也可单独使用。

image(图片控件)：用于放置和展示图片。

import(上传控件)：其前台展示效果类似于按钮，可通过在前台单击此控件上传图片。一般通过设置其ID、target、event及backup属性即可完成此控件的设置。

label(标签)：在前台展示文字。本案例中有两种用法，一是常规用法，直接设置label的value，将其在前台展示的内容设置好；另外一种是给label自定义一个ID，然后在页面的初始脚本中对此ID进行取值，以实现该label内容在前台的动态展示效果。

　　配置完左侧区域上方的控件后，开始配置其下方的控件，下方控件全部为按钮控件，配置方式较为简单。在下方的grid中插入rows和row，然后在row中插入toolbarbutton(按钮)，并对按钮的外观和事件进行设置，如图4-48所示。

图4-48　设置页面按钮

注意：toolbarbutton也是按钮控件，用法与button一致。与button的区别在于二者的页面显示效果不一样。

　　完成页面左侧区域配置之后，开始配置页面右侧区域。此时，需要在页面区域自定

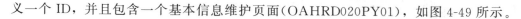

义一个 ID，并且包含一个基本信息维护页面(OAHRD020PY01)，如图 4-49 所示。

图 4-49 对 center 进行设置

注意：使用 include 控件可直接在页面上调用另一个页面，并且页面打开时，默认展示该页面信息。

通过向导新建基本信息维护功能及页面。功能主键为"OAHRD020"，页面主键为"OAHRD020PY01"。

此时，基本信息维护页面的新建不适合采用快速新建方式，需要开发人员进行页面布局和控件配置。

首先，单击"新建"按钮新建基本信息维护功能，对其主键和名称进行命名。

其次，单击"新建"按钮新建基本信息维护页面，设置其主键和名称后，单击"确定"按钮进入页面编辑区。

如图 4-37 所示，页面右侧的默认显示员工基本信息维护页面。该页面分为上下两部分，页面内容为纵向布局，故页面设计的第一步需要在页面中插入 borderlayout(方位布局)，此布局中仅保留 center 和 south 两个区域，如图 4-50 所示。

此时页面内容呈纵向分布，因此需要在 center 中插入 vlayout。由于基本信息分为 4 个部分，分别为"基本资料""人事信息""联系方式""其他信息"，这 4 个部分在页面上通过 groupbox(组合框容器)进行划分。每个 groupbox 中需要先插入 caption 控件，对分组的内容设置标签。具体内容如图 4-51 所示。

图 4-50　基本信息维护页面的布局

图 4-51　通过 groupbox 划分基本信息

> groupbox(组合框容器)：用来对不同类型却有关联的信息进行分组的容器，可伸展、可收缩、可增加页面的数据维护数量。
>
> caption：用于定义分组标题，通过设置 label 属性实现其在页面的展示内容。

做完页面总体布局后，开始对 groupbox 进行布局，布局方式为在 groupbox 中插入 grid 及 columns(列容器)、rows。具体内容如图 4-52 所示。

图 4-52　对 groupbox 进行布局

接下来，开始在页面中插入控件，此处仅介绍"基本资料"部分的控件，剩余部分由读者自行完成。

"基本资料"部分主要用于维护员工所属部门、姓名、工号、身份证号、性别、婚姻状况、籍贯、民族、学历和住址等信息。

使用 Alt+4 快捷键调出员工信息表，依次将要维护的数据拖曳至页面，如图 4-53 所示。

图 4-53　将要维护的数据拖曳至页面

将所有字段拖曳至页面后，字符型字段默认使用 textbox 控件、数值型字段默认使用 intbox 控件、日期型字段默认使用 datebox 控件。拖曳控件后，对每一行所占的列数进行调整，可在 row 中设置其 spans 属性，如本例中 spans="1，1，1，2，"。其后面的每一列都需要进行此设置，以保持每一行样式的一致性。

设置完 row 的属性之后，开始对页面上每个字段对应使用的控件进行调整。

目前，维护部门代码使用的控件为 textbox，在案例中使用的控件为 actionbox（数据关联框），因此在页面编辑区将部门代码的维护控件由 textbox 改为 actionbox，并设置对应的控件属性，如图 4-54 所示。

图 4-54　设置 actionbox（数据关联框）的属性

actionbox 常用的属性如下。

entity：填写此控件调用的列表参数的 ID（不为空）。

mapping：必填项，记录之间的栏位映射。

comboQuery：显示标签的 SQL 语句。

combo：有 true/false 两个值，默认为 false，决定是否变更显示标签（如根据代码显示名称）。当 comboQuery 不为空时，combo 必须设置为 true。

title：关联弹出窗口显示的抬头，不填则为列表参数的名称。

panelWidth：像素，弹出窗口的宽度。

panelHeight：像素，弹出窗口的高度。

pageSize：数字，关联列表的每页笔数（控件调用的列表属性）。

orderBy：排序字段（控件调用的列表属性）。

valueType：有 string/array/json 3 个值，决定关联多笔的值存储类型。

将员工证件类型维护控件改为 combobox（下拉输入框），并对其属性进行设置，具体如图 4-55 所示。

图 4-55　combobox(下拉输入框)的用法

使用 combobox 必须进行取值赋值设置，设置方式为如下。

value/query/cache/dbId/emptyLabel/emptyValue/for/immediate/showValue/type/filter：都为控件适用的取值赋值方法，且最常用的方法为 query。

如图 4-37 所示，维护员工性别并没有使用 textbox 而是使用的另一种控件——radiogroup(单选组)。

radiogroup 控件在本案例中的用法如图 4-56 所示。

图 4-56　radiogroup(单选组)的用法

radiogroup 常用的设置属性如下。

value/query/cache/dbId/emptyLabel/emptyValue/for/immediate/showValue/type/filter：都为控件适用的取值赋值方法，最常用的方法为 value。

当该字段需要进行逻辑运算时，其需要进行自我赋值，即令 event＝" $ Xingbie ＝self. value"

此处"血型""民族""学历"用 combobox 进行维护，维护方式与证件类型一致；"婚姻状况"与"性别"的维护方式一致，用 radiogroup 进行维护，故在此不再赘述。

维护完所有基本资料后的页面如图 4-57 所示。

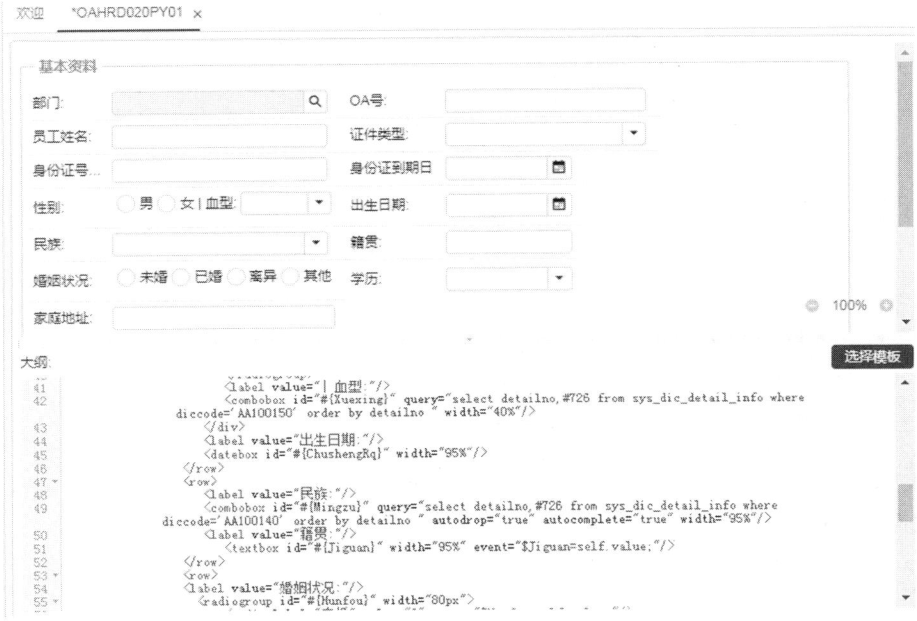

图 4-57　基本资料

介绍完基本资料维护页面的制作后，人事信息页面的其他部分由读者自行完成。

接下来，将介绍如何通过单击按钮实现右侧页面跳转至该按钮对应的页面，此处以"工作经历"按钮为例。

首先，为人事资料维护页面的中心区域自定义一个 ID，此处令 id＝"detail"。此设置用于后面设置页面跳转时，指定跳转区域，如图 4-58 所示。

图 4-58 设置中心区域的 ID

其次，通过向导功能，快速新建一个工作经历维护功能（OAHRD021），功能页面采用上方是列表下方是页面的布局，如图 4-59 所示。

图 4-59 工作经历页面

最后，对人事资料维护页面的"工作经历"按钮进行设置，设置后的效果为单击该按钮后跳转至工作经历维护页面，如图 4-60 所示。

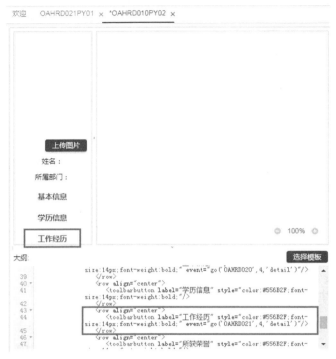

图 4-60　设置页面跳转

go 命令的功能如下。

new page：打开新的页面，如 event＝"go('ABBX010'，1，'U');"。

modal dialog：弹出页面，底层不可操作，如 event＝"go('ABBX010'，2，'U');"。

highlight dialog：弹出页面，底层可操作，如 event＝"go('ABBX010'，3，'U');"。

embed：内嵌，需指定容器，常用在 Tab 中，如 event＝"go(OAHRD021，4，'detail');"。

介绍完"基本信息"和"工作经历"页面的开发过程后，剩余的"学历信息"和"所获荣誉"页面由读者自行完成。

4.4.2　课后案例练习——考勤参数设置

考勤参数设置包括"考勤区间设置""节假日维护"及"考勤规则设置"3 个部分，分别由 3 个选项卡构成。如图 4-61 所示，选择不同的选项卡可以显示不同的页面内容，如选择"考勤区间设置"则显示与考勤区间设置相关的内容；选择"节假日维护"，则显示与节假日维护相关的内容。

需要实现如下功能。

(1)配置各个标签，实现页面上各个标签的转换；

(2)"节假日维护"页面需展示日历，并可对日历进行标注；

(3)对"考勤规则设置"进行分组，单击左上角标签时打开页面，再次单击时收起页面；

(4)在页面控件配置上，按照图 4-45～图 4-54 所示的步骤进行按钮控件、输入控件的配置；

(5)完成上述要求后，读者可自由发挥实现其他各种功能。

配置标签需要用到 tabbox。单击"控件库"按钮，打开"控件库"，选中 tabbox 并将其拖曳至页面。然后，对容器内的 tabpanels 包含的 tabpanel 的个数及 ID 进行设置，再对容器内的标签组包含的标签的 label 进行设置，并配置 event 属性。注意，标签的个数与 tabpanel 的个数一致。

图 4-61 显示的是"考勤区间设置"页面的页面设置。

图 4-61 考勤区间设置

图 4-62 展示的是"节假日维护"页面的页面设置。"节假日维护"页面涉及 calendar(带信息的日历)控件的应用。

图 4-62 节假日维护

如图 4-63 所示，在布局中插入 scrollview，以实现页面滚动效果，接着在容器内插入 calendar 控件和 menupopup 控件，以便在日历上实现菜单弹出效果。其中，涉及 SQL 语言及 JavaScript 的内容可查阅相关资料或通过相关课程进行学习。

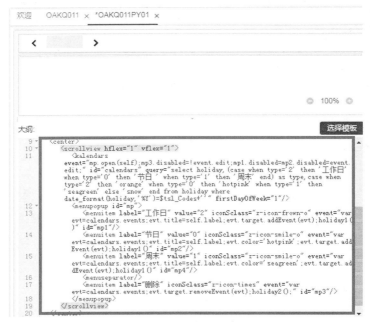

图 4-63　日历的调用方法

图 4-64～图 4-71 展示的是"考勤规则设置"页面的页面设置效果。

图 4-64　考勤规则设置

早退规则设置

计算单位	按分钟 ▼	
早退	0	分钟忽略不计
早退段1：在	10	分钟之内
早退段2：在	20	分钟之内
早退段3：在	30	分钟之内
下班无签到记：	早退 ▼	

图 4-65　早退规则设置

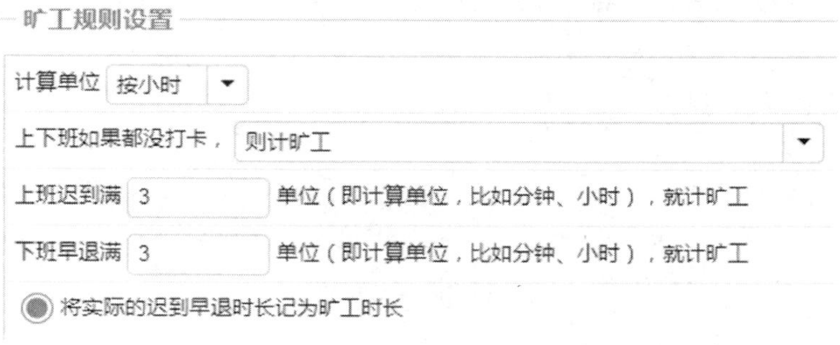

旷工规则设置

计算单位 按小时 ▼

上下班如果都没打卡， 则计旷工 ▼

上班迟到满 3 单位（即计算单位，比如分钟、小时），就计旷工

下班早退满 3 单位（即计算单位，比如分钟、小时），就计旷工

◉ 将实际的迟到早退时长记为旷工时长

图 4-66　旷工规则设置

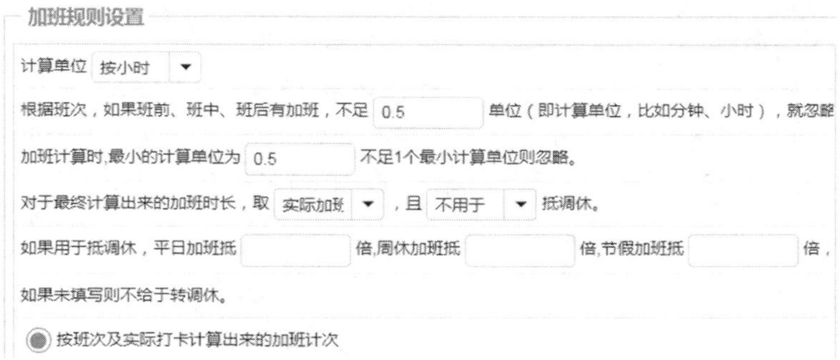

加班规则设置

计算单位 按小时 ▼

根据班次，如果班前、班中、班后有加班，不足 0.5 单位（即计算单位，比如分钟、小时），就忽略

加班计算时，最小的计算单位为 0.5 不足1个最小计算单位则忽略。

对于最终计算出来的加班时长，取 实际加班 ▼ ，且 不用于 ▼ 抵调休。

如果用于抵调休，平日加班抵 倍，周休加班抵 倍，节假加班抵 倍

如果未填写则不给予转调休。

◉ 按班次及实际打卡计算出来的加班计次

图 4-67　加班规则设置

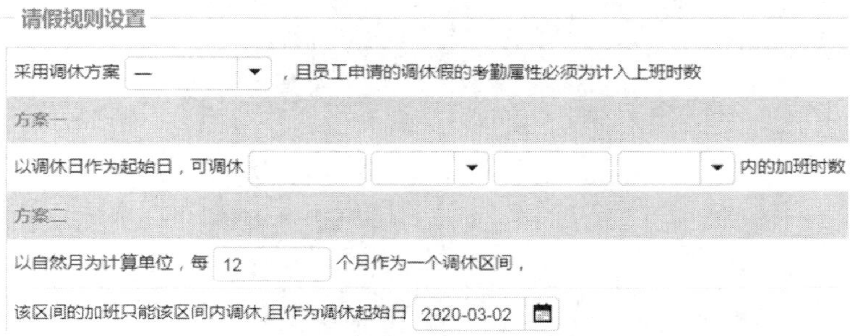

请假规则设置

采用调休方案 — ▼ ，且员工申请的调休假的考勤属性必须为计入上班时数

方案一

以调休日作为起始日，可调休 ▼ ▼ 内的加班时数

方案二

以自然月为计算单位，每 12 个月作为一个调休区间，

该区间的加班只能该区间内调休，且作为调休起始日 2020-03-02 📅

图 4-68　请假规则设置

时长规则设置

计算单位 按分钟 ▼

◉ 按班次计算

◯ 按实际打卡计算，即打卡计时班次，和考勤人员考勤类型为打卡计时的算法一样

如果为打卡计时班次，每段打卡上班时长必须满 480 分钟，否则无效，

且累积需要上满 450 分钟最终上班时长需扣除 30 分钟，

且打卡计时班次上班时长超过 480 分钟，就将超过部分计为加班如果设置了必须上满多少分钟，

且当天来上班了，如果未上满则将未上满部分计算为旷工。

同时对于班次打卡计时和人员设置处的打卡计时区别在于前者有应勤天数、周休、节假、周休节假加班的概念，后...

工作时长是否扣除迟到时长 是 ▼

工作时长是否扣除早退时长 是 ▼

员工离职日当天是否进行考勤处理 是 ▼

提示

1、系统默认为每个班次时长折算为一个工作日，如果需按班次调整，请在上班时段的规则处调整，例如半天班的情况

图 4-69　时长规则设置

小时转换天数设置

上班天数计算方法

上班天数计算方法	设置半天/一天的小时数
◉ 取实际天数	上班小时大于或等于 ⬚ 小时计算为一天。
◯ 以半天/一天计算天数	上班小时大于或等于 ⬚ 小时计算为半天。

加班天数计算方法

加班天数计算方法	设置半天/一天的小时数
◉ 取实际天数	加班小时大于或等于 ⬚ 小时计算为一天。
◯ 以半天/一天计算天数	加班小时大于或等于 ⬚ 小时计算为半天。

请假天数计算方法

请假天数计算方法	设置半天/一天的小时数
◉ 取实际天数	请假小时大于或等于 ⬚ 小时计算为一天。
◯ 以半天/一天计算天数	请假小时大于或等于 ⬚ 小时计算为半天。

旷工天数计算方法

旷工天数计算方法	设置半天/一天的小时数
◉ 取实际天数	旷工小时大于或等于 ⬚ 小时计算为一天。
◯ 以半天/一天计算天数	旷工小时大于或等于 ⬚ 小时计算为半天。

图 4-70　小时转换天数设置

图 4-71　打卡规则设置

4.5　灵活多样的列表操作

列表类似于 Excel 表格，将数据表中的数据以行和列的形式直观地展现在用户面前。列表既支持单纯数据查询，也支持输入保存数据，还可以以统计报表的形式被 JJ 智能敏捷开发云平台的组件调用，因此在实际应用中经常被使用到。

列表的操作灵活多样，本节将结合人力资源管理信息系统，以上班时段设置为例，介绍在具体实践中如何完成列表操作。同时，配有课后练习，以便读者能够在后续的开发工作中较好地完成类似功能的开发。

4.5.1　案例——上班时段设置

上班时段设置功能的主要作用是实现对企业员工上班时间的管理，包含上班时间类型、部门适用的时段类型等信息。

上班时段设置实现的具体步骤如下。

(1)通过向导实现带列表功能页面的创建，即"上班时段设置"页面的创建；

(2)配置页面上的各操作按钮及列表查询条件；

(3)调整页面列表样式；

(4)配置列表自定义控件；

(5)设置主副级列表。

上班时段设置功能位于主菜单的"考勤"模块下，用于管理公司人员上班时段，如图 4-72 所示。

图 4-72　上班时段设置

上班时段设置功能实现的具体操作步骤如下。

【步骤1】通过向导快速实现简单的上班时段设置功能，如图 4-73 所示。

图 4-73　通过向导实现简单的上班时段设置

将适用部门调用的控件由 textbox 改为 actionbox，控件的具体使用方法可参考 4.4 节中的内容。将列表设置为可编辑列表，设置方式为在列表中对其 editableColumns 属性进行设置，如图 4-74 所示。

图 4-74　设置列表属性

注意：列表的 editableColumns 属性主要用于设置列表是否可编辑，当不对此属性进行设置时，则默认为不可编辑；当 editableColumns＝"＊"时，则列表所有栏位均可编辑；当 editableColumns＝"某些栏位"时，则这些栏位为可编辑栏位，其余栏位为不可编辑栏位。

【步骤 2】实现左侧列表的查询功能。该功能需要在左侧列表的"查询"面板中进行配置，将其配置为通过"时段代码"和"时段名称"进行查询，如图 4-75 所示。

图 4-75 配置列表查询面板

"查询"面板中控件的配置方式可以参考 4.4 节中的内容。

【步骤 3】对右侧下方列表的样式进行调整，此处主要是为列表添加表头。如图 4-76 所示，在列表中单击"H 添加表头"按钮添加表头。

图 4-76 添加表头

添加表头之后，选中已添加的表头，单击"H 添加子表头"按钮以添加子表头，如图 4-77 所示。

图 4-77 添加子表头

注意：必须先添加表头，然后才可以添加子表头。

添加子表头后，根据列表栏位类型对子表头进行调整，包括设置其跨行跨列的数量、对子表头进行命名等，如图 4-78 所示。

图 4-78　调整子表头风格及标题

【步骤 4】配置列表自定义控件，此案例需要在上班是否需要打卡、休息是否需要打卡、加班是否需要刷卡、结束加班是否需要刷卡位置处引用 checkbox 控件，用于选择是否需要打卡或刷卡，具体设置方式如图 4-79 所示。

图 4-79　在自定义组件中调用控件

注意：列表的自定义组件，主要用于在列表某一栏中调用控件，一般情况下只可调用一个控件。在列表自定义组件调用控件的方式与在页面调用控件的方式基本一致。

【步骤 5】设置页面两个列表间的主副级关系。其具体操作方法为在子表的条件语句中，令关联的数据表中的某一字段等于主表的主键，如图 4-80 所示。

图 4-80　建立列表主副级关系

图 4-80 中的 oa_interval_detail 为上班时段明细表关联的数据表，表中的 belong_id 为此案例中主表的关联 ID。

在条件语句中写入命令：belong_id＝$id，其中，ID 为主表的主键。

4.5.2　其他类型的列表

JJ 智能敏捷开发云平台还有许多其他风格的列表。

（1）分组列表：用于对列表进行分组，如图 4-81 所示为按照所属部门进行分组。

部门名称	部门代码	部门编制人数	在职人数	备注	部门负责人
▼ 厦门简单点总公司	00		0		B24805
▶ 行政人事部	2		0		
▶ 青创部	55988085		0		
▼ 厦门简单点	XMJDD		0		
核医学科	141		0		

图 4-81　分组列表

（2）支持单元格运算列表：如图 4-82 所示，支持列表单元格计算，可通过数量和单价自动计算出金额。

（3）多笔操作列表：如图 4-83 所示，在此类列表中可勾选列表数据前的复选框，对多笔数据进行操作。

图 4-82　单元格计算列表

图 4-83　多笔操作列表

（4）交叉列表：如图 4-84 所示的交叉列表为某一时期，周期为一周、一个月、三个月时的本外币之间的汇率。

图 4-84　交叉列表

单元格列表风格如表 4-85 所示。

图 4-85　单元格列表风格

4.5.3　课后案例练习——班次基础设置

班次基础设置如图 4-86 所示，具体要求如下。

(1)实现列表的查询功能；

(2)建立主副级列表关系；

(3)实现双列表操作；

(4)其他功能可由读者自由发挥。

图 4-86　班次基础设置

4.6 事件调用与功能串接

JJ智能敏捷开发云平台的事件调用主要通过设置控件的 event 属性来实现，功能串接主要通过 JJ 智能敏捷开发云平台的工作流参数和功能流转来实现。

4.6.1 事件调用与功能串接——请假申请

请假申请功能主要用于企业员工进行请假申请，方便企业进行考勤管理，是企业日常管理中常用的功能之一。使用 JJ 智能敏捷开发云平台开发请假申请功能的具体操作步骤如下。

【步骤1】新建功能参数及页面参数。关于如何新建参数已经在前面章节详细介绍过了，故在此就不再介绍。如图 4-87 所示为请假申请页面。

图 4-87 请假申请页面

由于此功能会调用公共变量，涉及工作流参数，因此需要在功能的初始事件中进行逻辑调用。同时，需要设置是否自动生成业务编码，如图 4-88 所示。

图 4-88 初始事件调用逻辑

【步骤 2】对按钮设置事件进行调用，包括提交、审批单预览和关闭。这些事件的调用可通过对按钮的 event 属性进行设置实现。操作方式：单击按钮后在页面右侧打开"button"控制面板，单击"事件"下拉按钮，在弹出的下拉列表中单击"event"按钮弹出"事件调用"对话框，在对话框中输入要调用的事件。如新增事件，则输入 create()；如保存事件，则输入 save()；如流转事件，则输入 next()。也可通过在页面代码区对 event 属性进行设置实现事件的调用，如调用的事件为新增，则可在代码区输入命令 event＝"create()"。如图 4-89 所示为通过按钮调用流转和保存事件，同时对业务的处理状态进行赋值。

图 4-89　事件调用

如图 4-90 所示为页面设置"审批单预览"按钮的属性，选中左侧列表的某一行数据后，单击"审批单预览"按钮，即可预览请假申请审批单。设置方式：在"事件"对话框中输入 go("OAQJO12")，即通过 go 语言调用审批单预览功能。

图 4-90　设置审批单预览

如图 4-91 所示为单击"审批单预览"按钮之后，页面弹出的请假申请审批单的预览效果。

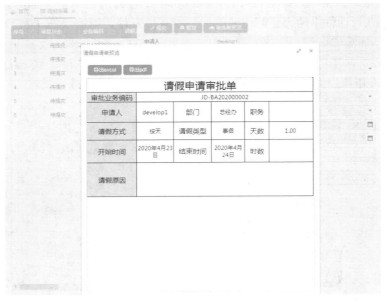

图 4-91　请假申请审批单预览效果

【步骤 3】设置功能流转，实现功能串接。如图 4-92 所示，在请假申请功能参数左侧的控制面板区，打开"流转"面板后，单击"添加条件分支"按钮，在弹出的对话框中进行条件分支设置。"条件分支值"和"描述"都可自定义，此处输入"t1"作为"条件分支值"，"描述"也设置为"t1"。在"目标功能"文本框中输入需要进行功能串接/流传的功能"000SYSDBS31"。

"000SYSDBS31"功能为系统配置功能，在发起申请时，常作为申请功能的目标功能使用。

图 4-92　功能串接

执行完以上操作便实现了请假申请功能的功能串接。

4.6.2 课后案例练习——补卡申请

实现补卡申请功能，具体要求如下。

(1)实现补卡信息的维护功能，包含的要素如图4-93所示；

(2)"补卡类型"和"补卡方式"为下拉列表框；

(3)有暂存功能；

(4)设置功能流转，单击"提交"按钮可实现功能流转；

(5)其他部分可由读者自由发挥。

图 4-93　补卡申请页面

4.7　快速的审批流程配置

本节主要是在上节内容的基础上进行功能完善，4.6节完成了请假申请功能的基本页面设置及功能串接，本节将介绍如何实现请假申请的审批。

4.7.1 案例——请假申请流程配置及审批单配置

请假申请流程配置的基本步骤如下。

(1)新建代办事项提醒功能

(2)在前台配置代办事项

(3)在前台流程功能维护页面对请假申请功能进行维护；

(4)新增工作流；

(5)设计工作流；

(6)对流程各个任务节点的属性进行维护；

(7)在后台请假申请页面调用工作流。

具体操作步骤如下。

【步骤1】通过向导快速新建代办事项提醒功能，具体设置如图4-94所示。

图4-94　待办事项提醒功能

【步骤2】登录admin账户，在模板管理主页面单击"编辑"按钮，在弹出的页面中添加代办事项功能，如图4-95和图4-96所示。

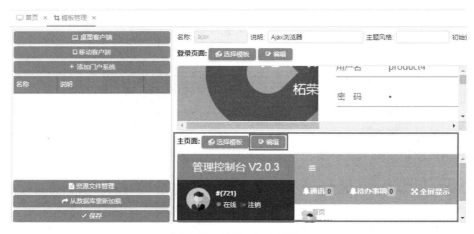

图4-95　登录admin账户

编辑

```
42          <div class="navbar-header">
43              <n:a class="navbar-minimalize minimalize-styl-2 text-white" href="#"
        title="${c:l('button.close.menu')}" c:data-toggle="tooltip" c:data-placement="right">
44                  <n:i class="z-icon-bars"></n:i>
45              </n:a>
46          </div>
47          <n:ul class="nav navbar-top-links navbar-right">
48              <n:li>
49                  <a label="聊天" iconSclass="z-icon-bell" sclass="text-white"
        onCreate="$easyplatform.message(self)" onClick="$easyplatform.chat(self)'><label
        value="0" zclass="badge badge-warning"/></a>
50              </n:li>
51              <n:li>
52                  <a label="待办事项" iconSclass="z-icon-bell" sclass="text-white"
        onCreate="$easyplatform.bpm(self)" onClick="$easyplatform.go(self,"MESS02",5)'>
        <label value="0" zclass="badge badge-warning"/></a>
53              </n:li>
54              <n:li>
55                  <n:a id="fullScreen" class="text-white" href="javascript:;">
56                      <n:i class="z-icon-arrows-alt"></n:i>
57                      ${c:l('button.fullscreen')}
58                  </n:a>
59              </n:li>
60              <n:li class="user-menu" style="width:200px">
61                  <a class="dropdown-toggle text-white" popup="ml, after_start" label="#{721}"
        id="usernamebutton">
62                      <image src="~./images/profile/male.jpg" zclass="user-image"/>
63                  </a>
```

× 取消   ✎ 美化   ✔ 确定

图 4-96　配置待办事项功能

【步骤 3】将需要调用工作流参数的请假申请功能在前台的"流程功能维护"页面上进行维护，如图 4-97 所示。

图 4-97　流程功能维护

【步骤 4】选择"系统功能"菜单下的"新增工作流"选项，弹出"新增工作流"对话框，在对话框中输入工作流的"流程编号"和"流程名称"，如图 4-98 所示。

单击"确认"按钮，进入工作流设计页面，通过从左侧拖曳工作流按钮至设计窗口的方式进行流程设计。如图 4-99 所示，此工作流涉及开始和结束按钮、任务按钮及条件分支按钮。

图 4-98　新增工作流

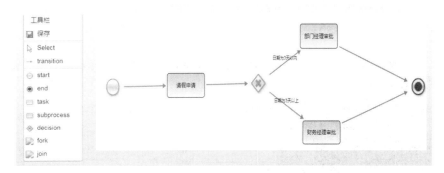

图 4-99　工作流设计

【步骤 5】对条件分支进行设计。本案例的条件分支为：当请假天数小于 3 天时，由部门经理审批即可；当大于 3 天时，则需由财务经理进行审批。条件分支需要在前台的"流程条件维护"功能中进行维护，如图 4-100 所示。

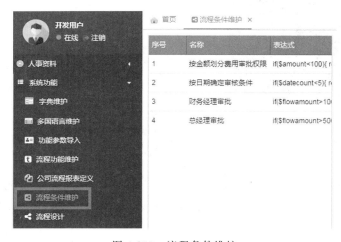

图 4-100　流程条件维护

具体的流程条件维护，需要选择"流程条件维护"选项，打开维护页面，在维护页面中新增条件，具体步骤如下。

①单击"新增"按钮新增一个条件；

②输入条件名称并编辑条件表达式；

③单击"新增明细"按钮，并在新增列表中输入条件分支的名称，以及对条件分支进行说明，并设置目标功能和目标功能显示名称，如图 4-101 所示。其中，"目标功能"统一设置为"syssys001"。

图 4-101　流程条件维护

需要注意：此处的显示说明及目标功能显示名称设置完毕后，拖曳工作流按钮至流程设计页面，通过单击"条件分支"按钮后弹出的"属性"对话框进行条件分支的调用，如图 4-102 所示。

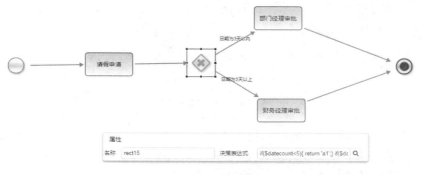

图 4-102　条件分支的调用

在"属性"对话框中，单击决策表达式右侧的"放大镜"按钮，弹出"流程设计"对话框，勾选此条件分支要调用的条件前的复选框后，单击"确定"按钮，如图 4-103 所示。

【步骤6】对流程各个任务节点的属性进行维护。如图 4-104 所示，单击"流程任务"按钮，页面弹出该任务的"属性设置"对话框，在对话框内可对此任务的属性进行维护。维护内容包括"名称""功能""处理类型""任务类型""参与角色""参与类型"等。

图 4-103　流程条件选择

图 4-104　任务属性维护

【步骤 6】在后台请假申请页面调用工作流。主要是通过对系统变量 8XX 进行传参来实现的。8XX 的大部分值系统已经配置完毕，需要自己手动进行传参的变量并不多。下面将介绍需要自行传参的变量。

860：工作流 ID；

861：工作流名称；

862：工作流具体描述；

870：流程表达式变量 1；

874：流程表达式变量 5；

875：来源表；

876：来源表主键；

877：表单 ID。

自行传参变量的配置如图 4-105 所示。

```
确认事件

94    //走工作流
95    if($Status=='02'){
96       createVariable('sysreport_title','VARCHAR');
97       $bpmgonghao=$720;
98       $bpm722=#db.selectObject("select DeptCode from
              oa_personnel_info where userId=$720");
99       $bpmpostcode=#db.selectObject("select PostCode from
              oa_personnel_info where userId=$bpmgonghao");
100      $874='bpmpostcode';
101      #include '000SYSDBS31LY02';
102      $871='sysreport_title';
103      $860='OAQJS010FY01';
104      $861='请假申请-工作流';//861工作流名称
105      $862='请假申请-工作流';//862工作流具体描述
106      $878='请假申请:请假申请审批';
107      $870='Refno';
108      $875='oa_vacate';
109      $876=$Refno;
110      $877='OAQJS010RY01';
111      $bpmstr_1=$876;
112      var data=#bpm.getNodes($860);
113      var taskid=data[0][0];
114      debug("taskid===="+taskid);
115      $nextnodes=#bpm.getNextNodes($860,taskid);
116      debug("nextnodes===="+$nextnodes);
117      $nexttasklength=nextnodes.length;
118      debug("length11==="+$nexttasklength);
119      #include '000SYSDBS31LY03';
120      debug("801===2323232323232323="+$801);
121      debug("860===2323232323232323="+$860);
122   }
```

图 4-105　工作表自行传参变量的配置

除了上述需要自行传参的变量外，还需要对工作流变量 $bpmgonghao、$bpm722、$bpmpostcode、$bpmstr_1、$nextnodes、$nexttasklength 赋值。同时，需要调用两条公共逻辑：000SYSDBS31LY02、000SYSDBS31LY03。

在页面确认事件编辑完毕后，单击"保存"按钮便完成此次工作流的设置。

关于审批单的配置，如图 4-105 所示，变量 $877 调用的是审批报表，$877 赋值的内容是审批报表的主键。因此只要对 $877 进行了配置，便完成了审批单的配置。

4.7.2　知识点

下面将介绍工具栏中的按钮。

(1) 🖫 保存：保存修改后的流程。保存后流程的修改动作才会生效；

(2) ▷ Select：选择按钮。注意，如果是在进行流程节点或者流程线条移动时，需要使用此功能，避免出现重复的流程线条；

(3) → transition：设置流程线条。最终流程的流转会根据这个线条的走向进行；

(4) ⊖ start：流程的开始标志。一个流程只能有一个 start 标志；

(5) ◉ end：流程的结束标志。一个流程只能有一个 end 标志；

(6) ▢ task：流程的节点。对应设置流程的审批步骤，如主任审批、主管审批等就是流程节点；

（7）⊟ subprocess ：设置子流程。流程中嵌套子流程；

（8）◈ decision ：条件分支。例如，请假超过 3 天由 A 主任审批、3 天以下由主管审批，这个判断的条件就是通过该按钮设置；

（9）◈ fork ：增加并行任务；

（10）◈ join ：流程分支合并。例如，A 主任审批和 B 主任审批是一个并行的流程，在所有主任审批完成后合并流程并进入下一流程步骤。

4.7.3　课后案例练习——补卡申请

"补卡申请"页面如图 4-106 所示，具体要求如下。

（1）实现补卡申请提交功能；

（2）配置审批单；

（3）实现审批单预览；

（4）其他部分可由读者自由发挥。

图 4-106　"补卡申请"页面

4.8　业务逻辑与脚本处理

业务逻辑与脚本处理——请假申请功能

请假申请功能的具体实现步骤如下。

（1）通过函数脚本控制请假时间的格式；

（2）通过初始脚本控制页面的 label；

（3）通过逻辑获取请假时数和天数。

　　请假申请功能最核心的部分就是请假时数和天数的计算，一套完整的请假申请功能的时数和天数的计算会涉及排班表、考勤表等。其具体操作步骤如下。

　　【步骤1】选择"事件"选项卡，单击"函数脚本"按钮，在弹出的"函数脚本"对话框中，配置请假方式后，单击"保存"按钮，函数可在请假方式的 combobox 中调用，如图 4-107 所示。

图 4-107　函数脚本设置

　　注意：在函数脚本中调用的 format 是 datebox 中的属性，用于控制日期控件选择日期的格式。

　　其格式如下。

format＝"yyyy－MM－dd HH：mm：ss"（显示到秒）

format＝"yyyy－MM－dd"（显示到日）

　　【步骤2】单击"初始脚本"按钮，可对页面的 label 赋值，用户不同显示的 label 也不同，如图 4-108 和图 4-109 所示。

图 4-108　初始脚本设置

图 4-109　前端页面显示

【步骤 3】在请假开始时间和结束时间的 evalLogic 中调用逻辑参数，如图 4-110 所示。

图 4-110　evalLogic 调用逻辑

evalLogic：执行指定的逻辑，并返回执行成功或者出错的消息。

【步骤 4】通过向导新建逻辑参数，选择参数类型为"逻辑"，输入其 ID 和名称后，单击"确定"按钮，如图 4-111 所示。

图 4-111　新建逻辑参数

下面将介绍逻辑的使用方法，在逻辑页面中左侧区域空白处用于逻辑的编辑，右侧区域可以对逻辑函数进行查找，如图 4-112 所示。

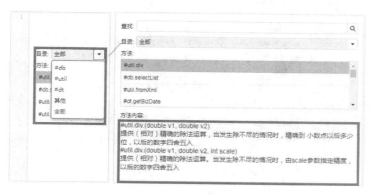

图 4-112 逻辑页面

选中查找出来的逻辑函数，将其拖曳到编辑页面也可以查看其使用方法，如图 4-113 所示。

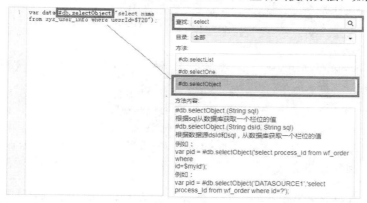

图 4-113 查看逻辑函数的使用方法

接下来，将介绍请假时数和天数的计算逻辑函数的使用方法。

【步骤 5】逻辑"OAQJS010LY01"的第一步是进行判断，只有当开始时间和结束时间都不为空时，才可以去执行此步骤，如图 4-114 所示。

①判断结束时间是否小于开始时间；

②从考勤区间表中获取考勤信息，判断当前考勤区间是否已结账和排班。

isEmpty：判断对象是否为空，如果是字符串且值为 null 或""，则返回 true。

return：主要有以下两种使用方法。

返回消息：return '4 码 CODE'；根据消息编码规则，返回消息。消息编码规则详见附录 C 中的内容。

返回功能：返回功能分支，在功能参数中的流转条件表达式中设置，用于返回需要运行的条件分支。

图 4-114 OAQJS010LY01(1)

♯db. selectOne(String sql)：根据 SQL 语句从数据库获取一组栏位值，返回值类型为一维数组。

♯db. selectObject(String sql)：根据 SQL 语句从数据库获取一个栏位值，返回值类型为该字段类型。

♯dt. format(Date date, String pattern)：根据给定的格式 pattern 格式化日期 Date，返回值类型为 String。

【步骤 6】当请假方式设置为"天"时，需要从人员班次表中获取请假期间的时数、周末天数和休息日属性，如图 4-115 所示。

图 4-115 OAQJS010LY01(2)

①获取请假时数；

②计算请假期间的周末天数；

③判断休息日属性，休息日天数是否计入请假天数。

> #db.getDays(Date firstDate，Date secondDate)：计算开始时间和结束时间之间的天数，返回值类型为Int。案例中的"OAHR010PY02"即为该修改页面主键。

按天计算请假时长比较简单，接下来将介绍按时间范围请假如何计算请假天数和时数。

【步骤7】当请假方式设置为"按时间范围"时，首先获取请假开始日当天的班次信息，如图4-116所示。

图4-116　OAQJS010LY01(3)

> createVariable(String name，String type，String scope)：创建名称为name、类型为type、域为scope的变量，scope值分别是private、protected、public，参考task参数的变量定义，一般用public指定全局变量。
>
> invoke(String expr，String[] args)：执行指定的逻辑或表达式，以给定的栏位或变量名称作为参数参与逻辑运算。

【步骤8】通过invoke进入逻辑"OAQJS010LY02"，获取请假开始日当天的班次情况（上班时间、休息开始时间、休息结束时间、下班时间），如图4-117所示。

图4-117　OAQJS010LY02(1)

①从人员班次主表、人员信息明细表中获取请假当日的上班时间、上班时段代码、上班时段 ID 和工作日标识；

②从时段明细表获取上班时段各时间点的信息。

【步骤9】根据各时间点是否需要打卡，获取打卡时间点的班次情况，将所有时间点进行组合，如图 4-118 所示。

图 4-118　OAQJS010LY02(2)

#util. format（Object value，String pattern）：将指定的值（日期和数字）按照 pattern 模式进行格式化，返回值类型为 string。

【步骤10】回到逻辑"OAQJS010LY01"，将从步骤 9 中获取的时间点组合与请假当日上班时间进行比较，以确定 $lsdate1 的值，随后进入逻辑"OAQJS010LY03"计算请假开始日的时数和天数，如图 4-119 所示。

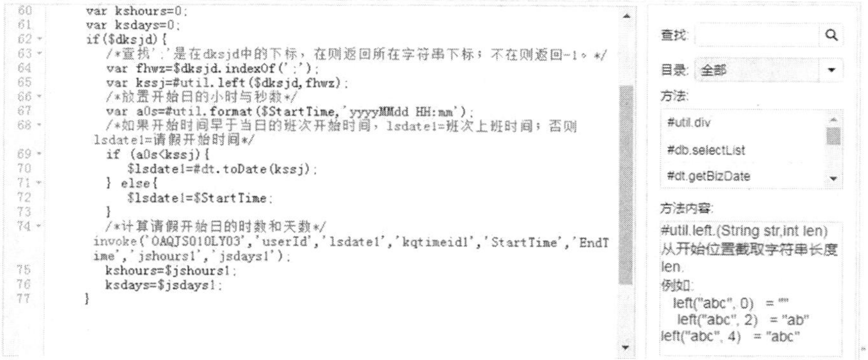

图 4-119　OAQJS010LY01(4)

#util. left(String str，int len)：从开始位置截取字符串长度 len，返回值类型为 string。

#dt. toDate(String strDate)：将字符串日期按照 yyyyMMdd 格式转换成 Date 对象，返回值类型为 Date。

【步骤 11】进入逻辑"OAQJS010LY03"，此处调用了 3 个逻辑，接下来将对这 3 个逻辑分别进行介绍，如图 4-120 所示。

①创建考勤的初始变量；

②计算班次各个时间点；

③计算请假时数。

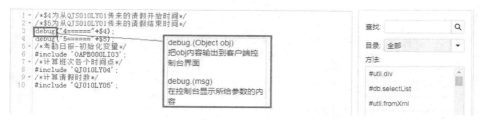

图 4-120　OAQJS010LY03

#include：在逻辑中调用逻辑。

【步骤 12】进入逻辑"OAPB000LI03"，主要是创建后面两个逻辑要使用的变量，如图 4-121～图 4-123 所示。

图 4-121　OAPB000LI03(2)

图 4-122　OAPB000LI03（3）

图 4-123　OAPB000LI03（4）

【步骤 13】进入逻辑"OAQJS010LY04"（计算班次各个时间点），如图 4-124 所示。创建本逻辑要使用的变量，如图 4-125 所示。

```
1   /*初始化公共变量的值*/
2   createVariable('lsjs_1','VARCHAR');/*临时计算用*/
3   createVariable('lsjs_2','VARCHAR');/*临时计算用*/
4   createVariable('lsjs_3','VARCHAR');/*临时计算用*/
5   createVariable('lsjs_4','VARCHAR');/*临时计算用*/
6   createVariable('lsjs_5','VARCHAR');/*临时计算用*/
7   createVariable('lsjs_5','VARCHAR');/*临时计算用*/
8   createVariable('lsjs_6','VARCHAR');/*临时计算用*/
9   createVariable('lsjs_7','VARCHAR');/*临时计算用*/
10  createVariable('lsjs_8','VARCHAR');/*临时计算用*/
11  createVariable('lsjs_9','VARCHAR');/*临时计算用*/
12  createVariable('lsjs_10','VARCHAR');/*临时计算用*/
13  createVariable('lsjs_11','VARCHAR');/*临时计算用*/
14  createVariable('lsjs_12','VARCHAR');/*临时计算用*/
15  createVariable('lsjs_13','VARCHAR');/*临时计算用*/
16  createVariable('lsjs_14','VARCHAR');/*临时计算用*/
17  createVariable('lsjs_15','VARCHAR');/*临时计算用*/
18  createVariable('lsjs_16','VARCHAR');/*临时计算用*/
19  createVariable('lsjs_18','VARCHAR');/*临时计算用*/
20  createVariable('lsjs_19','VARCHAR');/*临时计算用*/
21  createVariable('lsjs_20','VARCHAR');/*临时计算用*/
22  createVariable('lsjs_21','VARCHAR');/*临时计算用*/
23  createVariable('lsjs_22','VARCHAR');/*临时计算用*/
24  createVariable('lsjs_23','VARCHAR');/*临时计算用*/
25  createVariable('lsjs_24','VARCHAR');/*临时计算用*/
27  createVariable('lsjs_26','VARCHAR');/*临时计算用*/
28  createVariable('lsjs_27','VARCHAR');/*临时计算用*/
30  createVariable('lsjs_28','VARCHAR');/*临时计算用*/
31  createVariable('lsjs_29','VARCHAR');/*临时计算用*/
32  createVariable('lsjs_30','VARCHAR');/*临时计算用*/
33  createVariable('tsl_wxtimes1','NUMERIC');/*临时计算用字段*/
34  createVariable('startdate1','VARCHAR');/**/
35  createVariable('enddate1','VARCHAR');/**/
```

图 4-124　OAQJS010LY04（1）

具体步骤如下。

①从上班时间表获取天数、时数和时段时间；

②对获取的时段时间进行循环计算；

③获取每个上班时段的时间点；

④对上班时间点信息赋值。

图 4-125　OAQJS010LY04（2）

【步骤14】根据上班、休息是否需要打卡来进行条件判断，如图 4-126 所示。

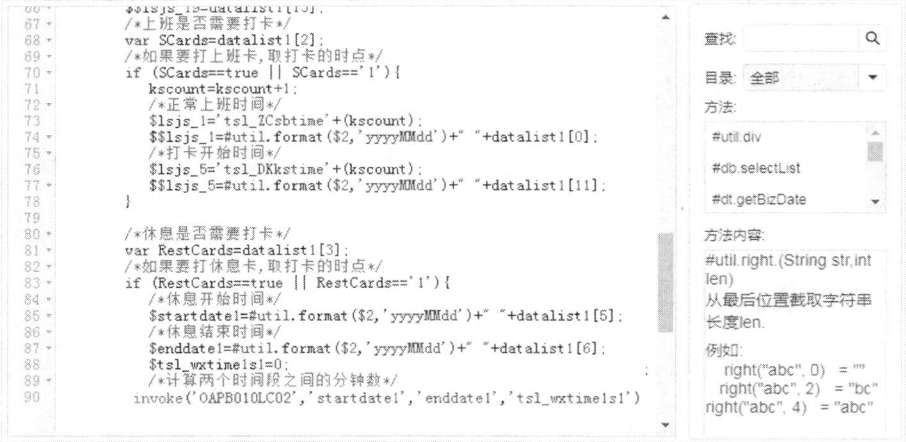

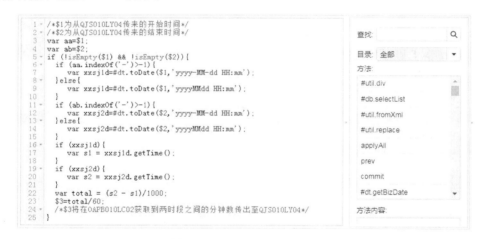

图 4-126　OAQJS010LY04(3)

【步骤15】休息需要打卡，则进入逻辑"OAPB010LC02"，计算开始时间和结束时间之间的分钟数，如图 4-127 所示。

图 4-127　OAPB010LC02(3)

【步骤16】返回逻辑"OAQJS010LY04"，将从逻辑"OAPB010LC02"中计算出的休息分钟数赋给 $ \$lsjs_25$；其次，根据是否灵活休息打卡，对休息开始时间、休息结束时间、休息开始打卡时间和休息结束打卡时间赋值，如图 4-128 所示。

【步骤17】将逻辑"OAPB010LC02"计算的休息时长和实际休息分钟数进行对比后，对休息开始时间、休息结束时间、休息开始打卡时间和休息结束打卡时间赋值。如图 4-129 所示，从 146 行开始是休息不需要打卡时获取的休息时长、休息开始时间和休息结束时间。

```
91   invoke("OAPB010LC02",startdate1,enddate1,tsl_wxtimels1);
92        /*休息分钟数*/
93        $lsjs_30='tsl_ybwxtime'+(c+1);
94        $$lsjs_30=$tsl_wxtimels1;
95        var wxtime=datalist1[14];
96        /*实际休息分钟数*/
97        $lsjs_25='tsl_wxtime'+(c+1);
98        $$lsjs_25=wxtime;
99        if($tsl_wxtimels1>wxtime && wxtime>0){
100           /*是否灵活休息打卡*/
              var syskq210=#db.selectObject("select paramvalue from
    sys_config_info where paramcode='SYSKQ210'");
101           if(syskq210=='1' || isEmpty(syskq210)){
102               wxkscount=c+1;
103               wxjscount=c+1;
104               /*休息开始时间*/
105               $lsjs_4='tsl_WXdkkstime'+(wxjscount);
106               $$lsjs_4=#util.format($2,'yyyyMMdd')+" "+datalist1[5];
107               /*休息结束时间*/
108               $lsjs_1='tsl_WXdkjstime'+(wxkscount);
109               $$lsjs_1=#util.format($2,'yyyyMMdd')+" "+datalist1[6];
110           }else{
111               kscount=kscount+1;
112               jscount=jscount+1;
113               /*休息开始时间*/
114               $lsjs_4='tsl_ZCxbtime'+(jscount);
115               $$lsjs_4=#util.format($2,'yyyyMMdd')+" "+datalist1[5];
116               /*休息结束时间*/
117               $lsjs_6='tsl_DKjstime'+(jscount);
118               $$lsjs_6=#util.format($2,'yyyyMMdd')+" "+datalist1[6];
119               /*休息开始打卡时间*/
120               $lsjs_5='tsl_DKkstime'+(kscount);
121               $$lsjs_5=#util.format($2,'yyyyMMdd')+" "+datalist1[5];
122               /*休息结束打卡时间*/
123               $lsjs_1='tsl_ZCsbtime'+(kscount);
124               $$lsjs_1=#util.format($2,'yyyyMMdd')+" "+datalist1[6];
125           }
126       }
```

查找　　　🔍

目录：全部　　▼

方法：

#util.div
#db.selectList
#util.fromXml
#util.replace
applyAll
prev
commit
#dt.getBizDate

方法内容：

#util.format.(Object value,String pattern)
对指定的值（日期和数字）按照pattern模式进行格式化
例如：
format(&now,'yyyyMMdd
返回20150329
format(82311.8265,'###,
返回82,311.83

图 4-128　OAQJS010LY04(4)

```
127       /*通过OAPB010LC02计算的休息时长和实际休息分钟数进行比较*/
128       if(($tsl_wxtimels1==wxtime && wxtime>0) || ((wxtime==0 ||
    isEmpty(wxtime)) && $tsl_wxtimels1>0)){
129           kscount=kscount+1;
130           jscount=jscount+1;
131           /*休息开始时间*/
132           $lsjs_4='tsl_ZCxbtime'+(jscount);
133           $$lsjs_4=#util.format($2,'yyyyMMdd')+" "+datalist1[5];
134           /*休息开始打卡时间*/
135           $lsjs_5='tsl_DKkstime'+(kscount);
136           $$lsjs_5=#util.format($2,'yyyyMMdd')+" "+datalist1[5];
137           /*休息结束时间*/
138           $lsjs_6='tsl_DKjstime'+(jscount);
139           $$lsjs_6=#util.format($2,'yyyyMMdd')+" "+datalist1[6];
140           /*休息结束打卡时间*/
141           $lsjs_1='tsl_ZCsbtime'+(kscount);
142           $$lsjs_1=#util.format($2,'yyyyMMdd')+" "+datalist1[6];
143       }
144   }
145
146   /*休息时长*/
147   $lsjs_27='tsl_arwxtime'+(c+1);
148   $$lsjs_27=datalist1[14];
149   /*休息开始时间*/
150   $lsjs_2='tsl_WXkstime'+(c+1);
151   var wxkstime=datalist1[5];
152   if(!isEmpty(wxkstime)){
153       $$lsjs_2=#util.format($2,'yyyyMMdd')+" "+datalist1[5];
154   }
155   /*休息结束时间*/
156   $lsjs_3='tsl_WXjstime'+(c+1);
157   var wxjstime=datalist1[6];
158   if(!isEmpty(wxjstime)){
159       $$lsjs_3=#util.format($2,'yyyyMMdd')+" "+datalist1[6];
160   }
```

查找　　　🔍

目录：全部　　▼

方法：

#util.div
#db.selectList
#util.fromXml
#util.replace
applyAll
prev
commit
#dt.getBizDate

方法内容：

#util.format.(Object value,String pattern)
对指定的值（日期和数字）按照pattern模式进行格式化
例如：

图 4-129　OAQJS010LY04(5)

【步骤18】本步骤主要是获取下班时间、加班前休息开始的时间点、加班前休息的分钟数、加班开始时间、加班结束时间、加班开始是否需要打卡、加班结束是否需要打卡和当日班次结束时间，如图 4-130 所示。

图 4-130　OAQJS010LY04(6)

【步骤19】进入逻辑"OAQJS010LY05"，计算请假时数，如图4-131～图4-133所示。
具体步骤如下。

①创建变量临时放置开始时间和结束时间；

②判断请假开始时间和结束时间分别位于哪个时间段，以确认最终用于计算的请假开始时间和结束时间。

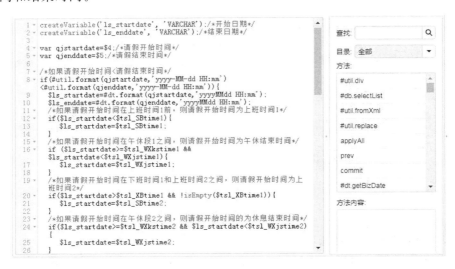

图 4-131　OAQJS010LY05(1)

图 4-132　OAQJS010LY05(2)

图 4-133　OAQJS010LY05(3)

【步骤 20】进入逻辑"OAQJS010LY06",计算请假时长。

判断请假开始时间和结束时间分别位于哪个时间段,以确认休息时长,如图 4-134 和图 4-135 所示。

图 4-134　OAQJS010LY06(1)

图 4-135　OAQJS010LY06(2)

【步骤21】返回逻辑"OAQJS010LY05"，如图 4-136 所示。

①使用从逻辑"OAQJS010LY06"中获取的开始时间和结束时间，进入逻辑"OAPB010LC02"，计算请假分钟数（可参考步骤15）；

②将最终的请假时数和天数分别赋值给＄6和＄7并传给逻辑"OAQJS010LY01"。

```
74 +    $ls_startdate<$ls_enddate){
75 +        /*计算请假时长*/
76         #include 'OAQJS010LY06'
77 +        /*计算请假开始时间与结束时间之间的分钟数*/
           invoke('OAPB010LC02','ls_startdate','ls_enddate','tsl_QJtime');
78         $tsl_QJtime=$tsl_QJtime-Xiuxtime;
79     }
80 }
81 +  /*$6将在OAQJS010LY05获取到时数传出至QJtime*/
82     $6=tsl_QJtime/60;
83 +  /*$7将在OAQJS010LY05获取到天数传出至QJtime*/
84     $7=qjhours1/kqHourscount*kqDayscount;
```

```
37 +  /*从上班时段时间表: oa_interval_time
      获取天数、时数和时间*/
38    var bcdata1=#db.selectOne("select
      interval_days, interval_hours, interva
      l_time from oa_interval_time where
      ID=$3");
39 +  if(bcdata1){
40 +      /*时段天数*/
41         var kqDayscount=bcdata1[0];
42 +      /*时段时数*/
43         var kqHourscount=bcdata1[1];
44 +      /*时段时间*/
45         var Times1=bcdata1[2];
```

图 4-136　OAQJS010LY05(4)

【步骤23】返回到逻辑"OAQJS010LY01"。

①通过 invoke 进入逻辑"OAQJS010LY02"计算请假结束日当天的班次（参考步骤8和步骤9）；

②若请假开始日和请假结束日为同一天，则进入逻辑"OAQJS010LY3"计算请假结束日的时数和天数（参考步骤11～步骤22）；

③若请假开始日和请假结束日不为同一天，则计算请假开始时间和请假结束时间之间的天数和时数。

④最后将取得的时数和天数分别相加，就可以得到最终的请假时数和天数。

```
78
79      /*获取请假结束日当天的班次*/
80      invoke('OAQJS010LY02','userId','EndTime','dksjdend','kqtimeidend1');
81      var jshours=0;
82      var jsdays=0;
83      if ($dksjdend){
84          var a2s=#util.format($EndTime,'yyyyMMdd HH:mm');/*放置结束日期后
                面小时和秒数*/
            /*如果请假开始日和结束日不同天*/
85
86          if ($dksjd1!=$dksjdend){
87              $lsdate2=$EndTime;
88              /*计算请假结束日的时数和天数*/

89              invoke('OAQJS010LY03','userId','lsdate2','kqtimeidend1','StartTim
                e','EndTime','jshours1','jsdays1');
90              jshours=$jshours1;
91              jsdays=$jsdays1;
92          }
93      }
94      /*请假开始时间和请假结束时间之间的天数和时数*/
95      var zjdata=#db.selectOne("select sum(oa_interval_time.interval_days)
        as days,sum(oa_interval_time.interval_hours) as Hours from
        oa_staff_class_info,oa_staff_class,oa_interval_time where
        oa_staff_class_info.belong_id=oa_staff_class.id and
        date_format(oa_staff_class_info.date,'%Y-%m-
        %d')>date_format($lsdate1,'%Y-%m-%d') and
        oa_staff_class_info.day_property_sign=2 and
        date_format(oa_staff_class_info.date,'%Y-%m-%d')
        <date_format($lsdate2,'%Y-%m-%d') and
        oa_staff_class.userid=$userId");
96      if (zjdata){
97          var zhjts=zjdata[0];
98          var zhjhours=zjdata[1];
99      }
100     /*经过计算,最终的时数和天数*/
101     $Hours=kshours+jshours+zhjhours;
102     $Days=zhjts+ksdays+jsdays;
103     }
104 }
```

查找

目录: 全部

方法:
#util.div
#db.selectList
#util.fromXril
#util.replace
applyAll
prev
commit
#dt.getBizDate

方法内容:

图 4-137　OAQJS010LY01(5)

4.9　Excel 模板报表

在进行系统开发过程中，避免不了需要打印表单，如审批过程中的单据打印、指定格式的报表，还有套打的如发票联的报表等，统称为报表，如图 4-138 所示为企业内部的企业员工履历表。

4.9.1　案例——人事档案

人事档案功能主要用于维护企业人事数据，人事档案可直观地展示企业员工的信息，方便企业进行人员管理。人事档案功能可通过在 JJ 智能敏捷开发云平台中新建报表参数来实现。

JJ 智能敏捷开发云平台主要通过 Excel 来设计报表，使用 Excel 新建报表十分方便快捷，且后期容易维护。

新建报表的操作步骤如下。

【步骤 1】新建一个人事资料维护功能，在功能页面上新建一个列表——员工信息表，并在列表中展示需要体现在报表中的数据，列表的新建过程在前面章节已经介绍过，故在此不再做介绍。

【步骤 2】根据报表样式在 Excel 上进行设计。如果系统内有现成的表格，建议直接从系统中将表格导出，然后将此 Excel 表格调整至自己设计的样式。需要注意的是，报表中设计到的字段必须与数据表中的字段一致，且在 Excel 中设计报表时，需要将该 Excel 表格的名称命名为 Template，如图 4-139 所示。

个人履历表					
部门:	0040	工号：	OA005	考勤号：	OA005
姓名:	张三	身份证号：	110101199003075859	身份证到日	
性别:		出生日期：	1990年3月7日	民族：	
籍贯:		学历：	03	婚姻状况：	已婚
血型:		户籍地址：			
用工性质:		入职日期：	2020年3月4日		
岗位:		职务：	Z07	工种:	
试用到期	2020年6月3日	转正日期：	2020年3月20日	职称：	4
合同起始	2020年3月4日	合同到期	2023年3月3日	Email：	
现住地址:					

工作经历					
原单位名称	原单位入职时间	原单位离职时间	工作职责	离职原因	证明人
MM科技	42527	43929	产品运维	个人原因	蔡小姐

工作经历					
原单位名称	原单位入职时间	原单位离职时间	工作职责	离职原因	证明人
NN科技	41400	42502	产品运营与线上客	个人原因	林小姐

工作经历					
原单位名称	原单位入职时间	原单位离职时间	工作职责	离职原因	证明人
KK集团	39833	40589	产品运营与数据结	出国深造	王先生

图 4-138　企业员工履历表

B	C	D	E	F	G
表中的字段命名与数据表保持一致		个人履历表			${dangabh}
部门:	${DeptCode}	工号:	${userId}	考勤号:	${userId}
姓名:	${username}	身份证号:	${Shenfenzheng}	身份证到日	${ShenfenzhengDaoqiri}
性别:	${Xingbie}	出生日期:	${ChushengRq}	民族:	${Mingzu}
籍贯:		学历:	${Xueli}	婚姻状况:	${Hunfou}
血型:	${Xuexing}	户籍地址:	${hujidizhi}		
用工性质:		入职日期:	${RuzhiRq}		
岗位:	${gangweiname}	职务:	${PostCode}	工种:	
试用到期	${ShiyongDaoqiri}	转正日期:	${ZhuanzhengRq}	职称:	${Zhicheng}
合同起始	${HetongQishiri}	合同到期	${HetongDaoqiri}	Email:	${Email}
现住地址:	${XianZhuDz}				
		工作经历			
原单位名称	原单位入职时间	原单位离职时间	工作职责	离职原因	证明人
${detail.excompa	detail.starttim	${detail.endtime}	${detail.neirong}	${detail.reason}	${detail.zhengmingren}

Template

图 4-139　Excel 报表设计

【步骤 3】新建数据源，将数据源命名为 detail，选择数据区域，如图 4-140 所示。

图 4-140　新建数据源

【步骤 4】在调用报表的功能中（OAHRD011）新增一个变量 Vid，如图 4-141 所示。

图 4-141　新建变量

在功能的初始事件中对变量 Vid 赋值，令其等于主功能（人事资料管理功能）中的员工工号，并新增一个变量 pageLists，再对这个变量进行取值，如图 4-142 所示。

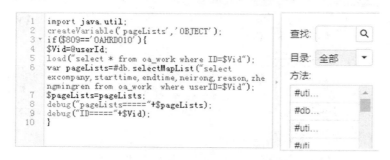

图 4-142　赋值与取值

注意：在初始事件中对变量 pageLists 进行取值是为了后面在报表参数数据源处确定数据来源。定义的变量 pageLists 将会写进报表数据源以抓取数据。

最后，单击"数据源"按钮，在弹出的"列表数据源"对话框中输入变量 pageLists，如图 4-143 所示。

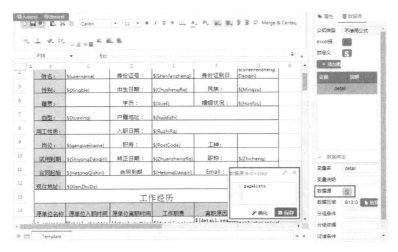

图 4-143　输入数据源

【步骤 5】新建报表参数，导入做好的 Excel 报表。

【步骤 6】在页面调用报表参数。

具体的操作步骤如下。

①在系统中新建一个用于调用报表的页面，在页面中调用 report 控件，ID 可自定义但不能为中文，在本案例中设置为"report1"。report 控件的 entity 为调用的报表主键，其页面如图 4-144 所示。

图 4-144　报表页面

②新建一个功能调用此页面，此功能可直接在页面设置一个"预览"按钮进行调用。调用后的效果为单击"履历预览"按钮，页面可弹出员工的个人简历，如图 4-145 所示。

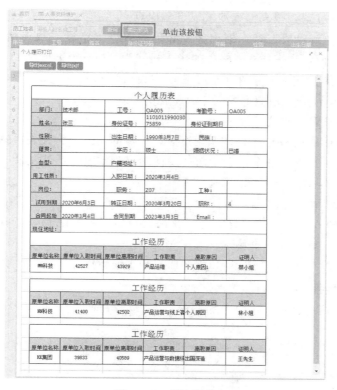

图 4-145　报表预览

在报表中，"部门""工号""学历"及"性别"在数据表中以代码的形式存在，因此需要在调用报表的页面初始事件中将其转换为中文，如图 4-146 所示。

初始事件

```
1  $Xingbie=#db.selectObject("select #726 from sys_dic_detail_info
   where diccode='AA100170' and detailno=$Xingbie");
2
3  $Mingzu=#db.selectObject("select #726 from sys_dic_detail_info where
   diccode='AA100140' and detailno=$Mingzu");
4
5
6  $Hunfou=#db.selectObject("select #726 from sys_dic_detail_info where
   diccode='AA100180' and detailno=$Hunfou");
7
8  $Xueli=#db.selectObject("select #726 from sys_dic_detail_info where
   diccode='OAXL' and detailno=$Xueli");
9
10 $DeptCode=#db.selectObject("select DeptName from oa_department_info
   where DeptCode=$DeptCode");
```

图 4-146　报表字段转换

4.9.2 知识点

通过上述案例可知，报表参数涉及以下知识点。

（1）在 Excel 中新建报表时，报表字段必须与数据表字段一致，格式为 ＄（字段名），如个人简历中的部门，在 Excel 表格中的输入格式为 ＄（DeptCode）；

（2）报表展示的样式可直接在 Excel 表格中设置，包括颜色、字体大小等，在 Excel 中的样式设置导入 JJ 智能敏捷开发云平台依然有效；

（3）表格名称命名必须为 Template；

（4）需要在页面中用 report 控件调用报表，控件的 entity 为报表主键。

（5）本案例中，仅涉及一个报表，而当设计的报表涉及子报表时，则需要在报表中对数据源进行设置。具体操作步骤如下。

①选择数据源后，单击"添加数据源"按钮。

②自定义变量名称。需要注意的是，在确定自定义变量名后，子报表中字段名的输入格式为"自定义变量名 . 字段名"；

③单击"数据源"按钮，通过 SQL 语句抓取子报表数据。

数据源设置界面如图 4-147 所示。

图 4-147　数据源设置界面

4.9.3 课后案例练习——考勤月报

在 Excel 中新建考勤月报后，将其导入 JJ 智能敏捷开发云平台进行调用，具体操作方法可参考 4.9.2 节中的内容。

4.10 图表配置

4.10.1 案例——人事分析

人事分析功能主要用于对企业人员的学历、性别、岗位及部门人员分布进行统计和分析。

具体实现步骤如下。

(1)通过向导实现页面的创建，即"人事分析"页面的创建，并将该页面分割成 4 个部分；

(2)创建"学历占比分析""性别分布""岗位级别人数分析""部门人员分析"页面；

(3)将 4 个页面嵌入"人事分析"页面。

人事分析功能位于主菜单"人事数据"模块下，用于统计和分析公司的人员结构及变动情况。实现的功能如图 4-148 所示。

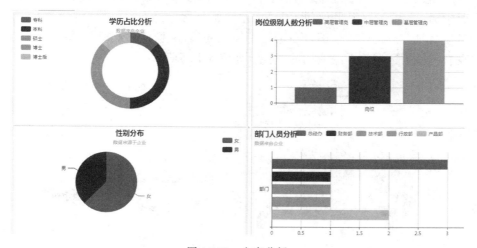

图 4-148　人事分析

功能实现的具体操作步骤如下。

【步骤 1】通过向导新建"人事分析"页面，并将此页面分割成 4 个部分。页面布局方法可参考 4.4 节中的内容。具体内容如图 4-149 所示。

图 4-149　页面分割

【步骤 2】新建"学历占比分析""性别分布""岗位级别人数分析""部门人员分析"页面，并在页面中插入 echarts（图表）控件。

①新建"学历占比分析"页面，在页面中插入 echarts 控件。此时，选择的图表类型是饼图，在右侧模板区域选择要应用的模板，如图 4-150 所示。

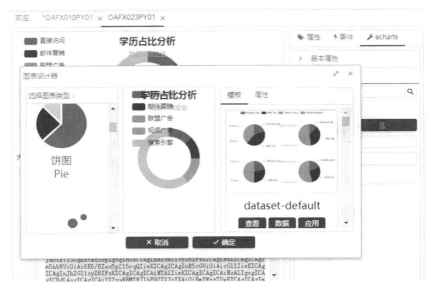

图 4-150　学历占比分析——选择模板

选择模板后，打开"属性"面板，对模板的标题及标题展示位置进行修改，如图 4-151 所示。

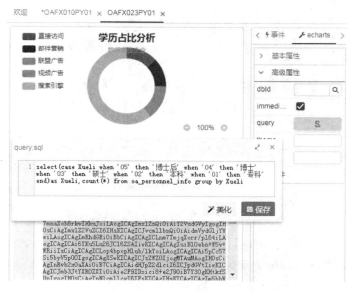

图 4-151 修改模板标题及标题位置

注意：修改标题位置格式为"left"："位置"。若位置为 center，则表明标题居中；若为 left，则表明标题居左；若为 right，则表明标题居右。

设置完图表标题及标题位置后，单击"query"按钮，在弹出的"query 属性"对话框中输入查询语句抓取数据，如图 4-152 所示。

图 4-152 抓取企业员工学历数据

②新建"性别分布"页面，在页面中插入 echarts 控件。此时，选择的图表类型是饼图，在右侧模板区域选择要应用的模板，如图 4-153 所示。

图 4-153　性别分布——选择模板

选择模板后，打开"属性"面板，对模板的标题及标题展示位置进行修改。

设置完图表标题及标题位置后，单击"query"按钮，在弹出的"query 属性"对话框中输入查询语句抓取数据即可。

③新建"岗位级别人数分析"页面，在页面中插入 echarts 控件。此时，选择的图表类型是柱形图，在右侧模板区域选择要应用的模板，如图 4-154 所示。

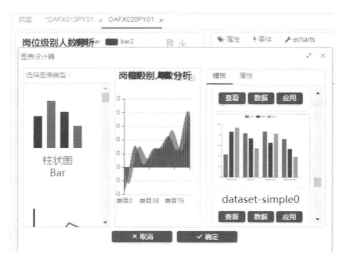

图 4-154　岗位级别人数分析——模板选择

选择模板后，打开"属性"面板，对模板的标题及标题展示位置进行修改。

设置完图表标题及标题位置后，单击"query"按钮，在弹出的"query 属性"对话框中输入查询语句抓取数据即可。

④新建"部门人员分析"页面，在页面中插入 echarts 控件。此时，选择的图表类型是柱形图，在右侧模板区域选择要应用的模板，如图 4-155 所示。

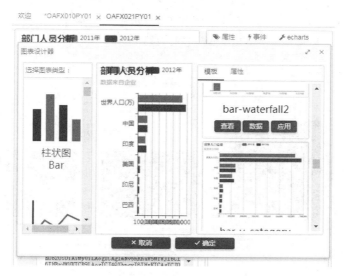

图 4-155 部门人员分析——模板选择

选择模板后，打开"属性"面板，对模板的标题及标题展示位置进行修改。

设置完图表标题及标题位置后，单击"query"按钮，在弹出的"query 属性"对话框中输入查询语句抓取数据即可。

创建完 4 个页面之后，在"人事分析"页面通过 include 控件对其进行调用，如图 4-156 所示。

图 4-156 调用图表页面

4.10.2 课后案例练习——考勤分析

按照人事分析功能实现考勤分析。考勤分析页面分为上下两部分，上部分为考勤异常分析，下面部分为请假人数分析，如图 4-157 所示。

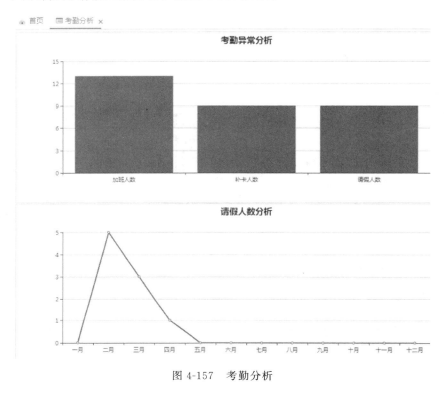

图 4-157　考勤分析

4.11　大屏显示

人事大屏显示功能主要实现对企业人事信息的管理，可视化的数据方便企业管理者了解自己企业的架构及人员分布。

具体实现步骤如下。

(1)新建人事大屏功能(OADP010)；

(2)新建大屏页面参数；

(3)修改大屏页面字段；

(4)对页面字段数据取值。

此功能的实现效果如图 4-158 所示。

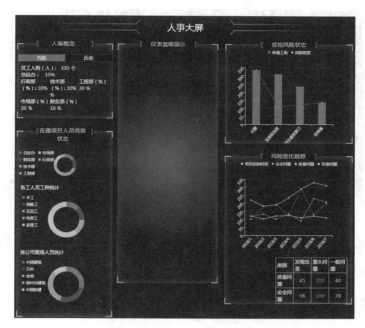

图 4-158　人事大屏

具体操作步骤如下。

【步骤 1】单击"新建"按钮，新建人事大屏功能（OADP010）。功能新建方法可参考 4.3 节中的内容。

【步骤 2】单击"新建"按钮，选择"参数类型"为"页面"，输入页面主键及名称，"主键"为"OADP010PY01"、"名称"为"人事大屏"。新建"人事大屏"页面，页面模板选择为"大屏"页，如图 4-159 所示。

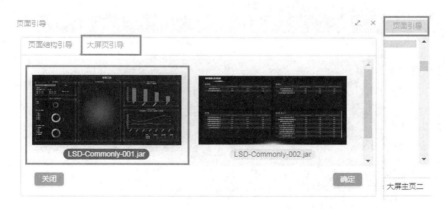

图 4-159　新建人事大屏页面

【步骤 3】进入人事大屏编辑页面，此时页面存在一些为了页面展示效果而设置的页面字段，因此要修改页面字段，使其符合功能需求。在人事大屏编辑页面下方的代码区对字段进行修改，如图 4-160 所示。

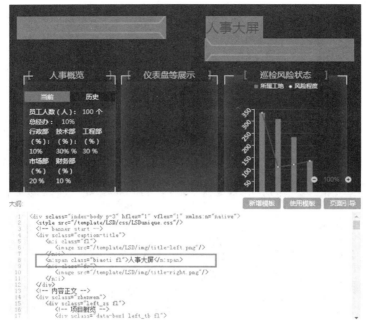

图 4-160　编辑页面字段

【步骤 4】在大屏功能的初始事件中创建变量 string_1、string_2 和 string_3。其中，string_1 和 string_2 的变量类型为 object，string_3 的变量类型为 varchar。可在页面初始事件中，通过 SQL 语句对变量赋值，以及对 string_2 进行类型转换，并在页面代码编辑区调用变量，如图 4-161～图 4-163 所示。

图 4-161　在初始事件中新建变量

图 4-162　在页面中为初始事件赋值

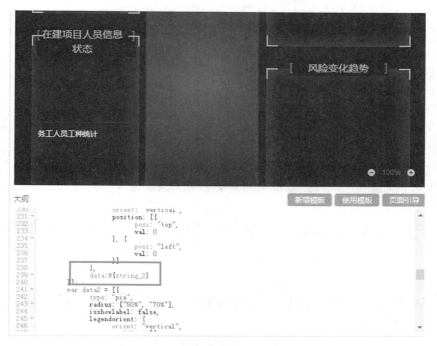

图 4-163   在页面中调用变量 string_2

采用同样的方法，可对其他数据进行取值。

4.12 本章小结

本章主要介绍了 JJ 智能敏捷开发云平台的基础篇。学习完本章后，应当做到以下几点。

➢ 理解从系统设计到 JJ 开发的过程；

➢ 掌握通过数据表一键生成基本增删改查功能的方法；

➢ 掌握快速实现基本增删改查功能的方法；

➢ 掌握常见的页面控件操作。

➢ 掌握常见的列表操作；

➢ 掌握事件调用与功能串接；

➢ 掌握快速审批流程配置；

➢ 掌握业务逻辑与脚本处理；

➢ 掌握 Excel 模板报表的使用；

➢ 掌握图表配置；

➢ 掌握人事大屏显示的方法。

第 5 章 提高篇

通过基础篇的学习，大家掌握了从系统设计到 JJ 开发的过程、通过数据表一键生成基本增删改查功能的方法、快速实现基本增删改查功能的方法、丰富的页面控件操作、灵活多样的列表操作、事件调用与功能串接、快速审批流程配置、业务逻辑与脚本处理、Excel 模板报表的使用、图表配置与大屏显示等十大知识内容。接下来，将结合移动端的开发，详细介绍移动端如何实现 PC 端页面自适应为移动端页面、移动端与公共应用的对接配置、JJ 智能敏捷开发云平台移动端基础功能的开发与配置，以及外部系统的 API 调用等。

5.1 PC 端页面自适应为移动端页面

前面介绍了请假申请功能 PC 端的开发过程，本节主要介绍如何将请假申请功能的 PC 端页面自适应为移动端页面。

5.1.1 案例——请假申请

将请假申请功能 PC 端页面自适应为移动端页面，需要在请假申请页面下进行参数设置。如图 5-1 所示，参数设计页面下方设置了"移动端设计"按钮，单击此按钮即可进入移动端设计页面。

图 5-1 "移动端设计"按钮

进入移动端设计页面后，便可开始设计移动端页面。请假申请功能移动端页面设计的具体操作步骤如下。

【步骤1】将请假申请页面PC端代码区的代码复制至移动端的代码区，如图5-2所示。

图 5-2　移动端页面设计 1

【步骤2】由于移动端页面不显示左侧请假申请列表，故将代码区内涉及调用列表控件的代码删除。如图5-3所示，框内为要删除的部分。

图 5-3　移动端页面设计 2

删除后，页面效果如图5-4所示。

图 5-4　不显示列表的手机端页面

【步骤 3】在页面上新增一个"查看"按钮，系统用户可以通过单击此按钮查看申请记录。具体操作步骤如下。

①新建一个功能参数，"主键"为"OAQJ011"、"名称"为"查看请假申请详情"；

②新建一个页面参数，"主键"为"OAQJ011PY01"、"名称"为"请假申请详情"，该页面用于调用请假申请详情列表（即 PC 端显示在页面左侧的列表）；

③在移动端页面的请假原因下方另起一行用于调用"查看"按钮，在按钮的 event 属性中设置事件调用，当用户单击该按钮时可查看其申请记录。具体设置如图 5-5 所示。

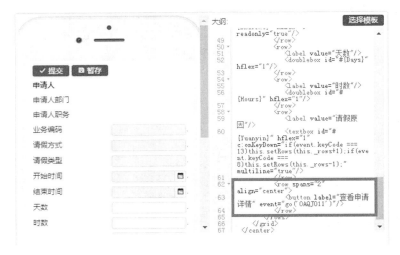

图 5-5　添加"查看"按钮

完成上述操作便完成了请假申请的移动端功能的设置。

5.1.2 课后案例练习——外出申请

外出申请功能的整体开发过程与请假申请功能相似，故可参考请假申请功能的开发过程完成此练习。

5.2 移动端与公共应用的对接配置

5.2.1 案例——移动端考勤打卡的地图、定位与拍照

移动端考勤打卡功能在人力资源管理系统中十分常见，主要用于管理员工每日常规打卡及管理员工公出。实现移动端考勤打卡的地图、定位与拍照，具体实现步骤如下。

（1）新建考勤打卡功能参数与页面参数；

（2）对页面进行布局；

（3）调用前台上传/导入控件及时间控件；

（4）调用地图控件及 image 控件；

完成上述步骤后，可实现对员工所在地进行定位，且员工打卡时，可对周边环境进行拍照，同时记录打卡时间。考勤定位拍照功能页面的效果如图 5-6 所示。

图 5-6　考勤定位拍照功能页面

移动端考勤定位打卡功能实现的具体操作步骤如下。

【步骤1】新建考勤打卡功能参数与页面参数，新建步骤可参考4.3节中的内容。

【步骤2】对页面进行布局。主要使用div。此步骤涉及前端知识，学生可自行查阅相关资料进行学习。页面需要显示的内容包括在页面左上角显示打卡日期及打卡人姓名，在页面中部从上至下依次显示拍照按钮、打卡定位地图及照片。

对左上角打卡时间及打卡人进行布局，如图5-7所示。

图5-7　布局打卡时间和打卡人

在页面初始事件中创建变量＄a1，用于保存打卡时间，并对其赋值，如图5-8所示。

图5-8　创建变量＄a1

　　注意：图5-8中的"721"为系统变量——用户所属名称，在页面调用这个变量时可以实现默认打卡人员姓名。

【步骤3】在页面设置完打卡时间和打卡人后，接下来在页面配置拍照上传功能。此处使用JJ智能敏捷开发云平台中的import控件来实现拍照及照片上传功能，如图5-9所示。

欢迎　　OAZL010 ×　OAZL010PY01 ×

大纲：

新增模板　使用模板　选择模板

```
1  <div class="d-flex flex-column p-3" vflex="1" xmlns:n="native">
2    <div class="d-flex flex-column">
3      <label id="#{a1}"/>
4      <label id="#{721}"/>
5    </div>
6    <div class="d-flex flex-column justify-content-center align-items-center
     mt-4 mb-2">
7      <n:div class="d-flex flex-column bg-primary justify-content-center
       align-items-center text-white mb-3 rounded-circle"
       style="width:100px;height:100px;">
8        <!--拍照上传控件-->
9        <import iconSclass="z-icon-camera" maxSize="-1" multiple="true"
         accept="image/*" dir="reverse" target="field:string_2"
         event="refresh('string_2');$string_3=$string_2;refresh('string_3');"
         backup="$707/demo/image"
         style="display:flex;background:rgba(0,0,0,0);box-shadow:none;font-
         size:30px;text-align:center;"/>
10       <div class="d-flex">打卡</div>
11       <label class="d-flex " id="#{a2}"/>
12       <!--当前时间-->
```

图 5-9　配置拍照上传功能

在图 5-9 中，页面调用了 $string\_2$、$string\_3$ 及 $a2$ 3 个变量。此时，可通过在初始事件中调用公共逻辑 syscomblLI00 来实现对 $string\_2$ 及 $string\_3$ 的调用，其中，$string\_2$ 和 $string\_3$ 也可直接在页面中新建；$a2$ 为直接在页面初始事件中新建的变量。创建变量后在初始事件中对这 3 个变量一一赋值，如图 5-10 所示。

初始事件

```
1  createVariable("a1","VARCHAR","public");
2  $a1=#util.format(&now,"yyyy-MM-dd");
3  createVariable('string_2','varchar');
4  createVariable('string_3','varchar');
5  $string_2=#db.selectObject("select head_url
   from sys_user_info where userId=$720");
6  $string_3=$string_2;
7  createVariable("a2","VARCHAR","public");
8  $a2=#util.format(&now,"HH:mm");
```

数据表　　　　Q　》

名称	描述	类型

🖊 美化　　🖫 保存

图 5-10　创建变量 $string\_2$、$string\_3$ 和 $a2$

其中，$string\_2$ 初始赋值为打卡人员上次打卡时的照片、$string\_3$ 存放打卡人员最新打卡拍摄的照片、$a2$ 存放打卡的小时数与分钟数。

import 控件主要用于文件上传/导入，其常用的属性如下。

accept：可以接受的文件类型，格式为 accept＝"audio/＊｜video/＊｜image"。

backup：备份文件的路径。如果以系统变量 7XX 开头，表示根据平台定义的相对路径来保存。

filename：保存文件名称的栏位。

maxSize：如 100M、100K 等，允许上传最大的文件，默认为－1（不限制大小）。

multiple：是否多个文件上传。有 true 和 false 两个值，默认为 false。

path：保存路径的栏位。

target：何处打开。

before：导入前逻辑。

logic：导入时每笔逻辑。

after：导入后逻辑。

配置完拍照功能后，需要通过调用 timer 控件配置计时功能。具体配置方法如图 5-11 所示。

图 5-11　配置计时控件

实现拍照功能后，需要通过调用函数脚本 mytime() 来实现计算时数和分钟数功能。具体配置方法如图 5-12 所示。

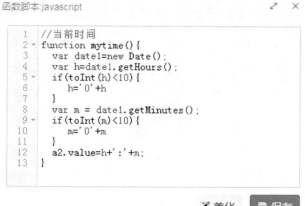

图 5-12　计算时间

【步骤 4】实现计时功能后，在页面配置定位功能。此功能通过调用地图（bmap）控件来实现。具体配置方法如图 5-13 所示。

图 5-13　地图控件

bmap：地图控件，其常用的属性如下。

autoLocation：自动定位。有 true/false 两个值，默认为 false。

zoom：放大倍数，值类型为 int。

实现地图功能后，在页面配置 image 控件，用于显示打卡照片。具体配置方法如图 5-14 所示。

图 5-14 配置图片控件

完成上述操作后，便完成了移动端考勤打卡的地图、定位与拍照功能的配置。

5.2.2 案例——移动端的微信用户绑定、公众号消息推送

移动端的微信用户绑定、公众号消息推送功能主要用于企业微信公众号向企业特定人员发送消息指令。

JJ 智能敏捷开发云平台为学生提供了 PC 端和移动端的登录页和首页供学生使用。

实现绑定公众号用户功能的步骤如下。

(1)新建第三方信息表，用于存方第三方信息；

(2)配置公众号菜单；

(3)配置"网页授权域名"；

(4)配置系统参数；

(5)新建用户绑定功能。

具体操作步骤如下。

【步骤 1】新建第三方信息表。新建数据栏位如图 5-15 所示。

图 5-15　新建第三方信息表的数据栏位

【步骤 2】配置公众号菜单。

学生需要自己申请一个公众号，申请后，登录网址 https://mp.weixin.qq.com/，选择"自定义菜单"功能，在右侧菜单编辑区域中单击"＋"按钮，如图 5-16 所示。

图 5-16　自定义菜单

图中页面地址如下。

https://open.weixin.qq.com/connect/oauth2/authorize? appid ＝ wx435f96ee5f8acf 11＆redirect_uri ＝ https％3A％2F％2Fxxxxxxx.cn％2Fpassport％2Flogin％3Fapp％ 3Dxxxx％26type％3Dpub＆response_type ＝ code＆scope ＝ snsapi_userinfo＆state ＝ STATE＃wechat_redirect

将链接中的 AppID 改为学生自己公众号的 AppID，将 xxxxxxx.cn 更改为实际域名，xxxx 为域名中用来标识项目的编码，在 EP 中为学生测试环境中测试地址的编码。

在微信公众号管理页面中，选择左侧菜单最下方的"公众号设置"中的"功能设置"选项，可获取开发者 ID(AppID)及开发者密码(AppSecret)，如图 5-17 所示。

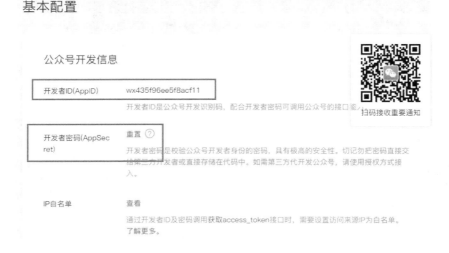

图 5-17　获取 AppID 及 AppSecrest

【步骤 3】在公众号管理页面中，选择"公众号设置"中的"功能设置"选项，在打开的页面中配置"网页授权域名"，如图 5-18 所示。

图 5-18　配置"网页授权域名"

可以看到，"网页授权域名"设置了两个域名，但其实只设置一个域名即可。域名与上述链接中的 XXXXXXX.cn 一致。学生使用 JJ 智能敏捷开发云平台开发功能时，平台会提供相应的域名。

【步骤 4】配置系统参数，具体操作步骤如下。

①在微信公众号管理页面中，选择"系统功能"中的"参数维护"选项，添加如图 5-17 所示的 3 笔记录，具体配置方法如图 5-19 所示。

图 5-19　配置系统参数

②登录 admin 账户，选择"系统设置"选项，单击页面中的"重置项目配置"按钮，如图 5-20 所示。

图 5-20　系统设置

【步骤 5】新建移动端微信绑定功能，实现用户进入公众号后绑定微信。页面设计如图 5-21 所示。

图 5-21　微信绑定页面设计

①设计完微信绑定页面后，在页面初始事件中对服务器 IP、第三方 ID 及类型进行取值，如图 5-22 所示。

初始事件

```
1  $string_5=#db.selectObject("select head_url from sys_user_info
   where userId=$720");
2  #include "syscomblLI00";
3  $string_3=#app.get('IP');
4  $string_7=#app.get('thirdId');
5  $string_8=#app.get('types');
```

图 5-22　初始页面取值

其中，string_5 为登录用户的头像，显示在页面左上角。

②为"微信号绑定"按钮设置 ID，令其等于 $ string_6。再在页面初始脚本中对 $ string_6 赋值，如图 5-23 所示。

初始脚本 javascript

```
1  string_1.value=selectObject("select phone from sys_user_info where userId=$720");//手机号码
2  //微信号绑定
3  var a1=selectObject("select userId from sys_user_third_info where userId=$720 and type=$string_8");
4  if(!isEmpty(a1)){
5  string_6.value="已绑定";
6  }else{
7  string_6.value="未绑定";
8  }
```

✏美化　💾保存

图 5-23　对"微信号绑定"按钮的 ID 赋值

③调用"微信号绑定"按钮绑定/解绑逻辑，对登录公众号的用户进行绑定和解绑，如图 5-24 所示。

```
<div class="d-flex flex-row media-body justify-content-end"
event="onClick:if(string_6.value=='未绑定'){showConfirm('是否要绑定该微信
号?');evalLogic('OAZL020LY02');refresh('string_6');if(string_6.value=='已绑定')
{showNotification('绑定成功!')};}else{showConfirm('是否要解绑该微信
号?');evalLogic('OAZL020LY03');refresh('string_6');if(string_6.value=='未绑定')
{showNotification('已解除绑定!')};};">
  <label style="font-size:16px;font-weight:400;color:rgba(144,147,153,1);line-
height:18px;" id="#{string_6}"/>
  <n:div class="z-icon-chevron-right ml-2" style="font-size:13px;color:#ccc;line-
height:18px;"/>
</div>
```

图 5-24　调用微信号绑定逻辑与解绑逻辑

④微信号绑定逻辑（OAZL020LY02）如图 5-25 所示。

```
1   var num1=#db.selectObject("select count(*) from sys_user_third_info
    where userId=$720 and type=$string_8");//类型：公众号
2   if(num1<=0){
3     if(!isEmpty($string_7)){//openid
4       #db.init("sys_user_third_info");
5       $userId=$720;
6       $thirdId=$string_7;
7       $type=$string_8;
8       $createtime=&now;
9       #db.execute("C");
10      $string_6='已绑定';
11    }else{
12      $755="请重新登录公众号!";
13      return 'e000';
14    }
15  }
```

图 5-25　微信号绑定逻辑

注意：此逻辑为 openid、authType、ipAddress 这 3 个变量的值。其中，openid 代表第三方 ID；authType 表示类型，包括小程序、公众号、微信、QQ 等，如当为小程序时，authType＝"third－wx－pub"；ipAddress 表示服务器的 IP 地址。

⑤解绑逻辑如图 5-26 所示。

```
1  #db.update("delete from sys_user_third_info where
   userId=$720 and type=$string_8")://类型：小程序
2  $string_6='未绑定';
```

图 5-26　解绑逻辑

实现绑定公众号用户后，下一步便是实现公众号消息推送功能，实现此功能的具体步骤如下。

①配置 IP 白名单；

②开通模板消息功能；

③添加模板消息，记录消息 ID；

④新建批处理及任务调度功能以实现向公众号发送消息的功能。

具体操作步骤如下。

【步骤1】在公众号管理页面配置 IP 白名单。在管理页面中，选择左侧菜单栏"开发"选项组中的"基本配置"选项，打开"基本配置"页面，如图 5-27 所示。

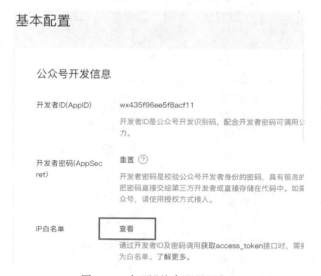

图 5-27　打开"基本配置"页面

单击"查看"按钮后，弹出 IP 白名单详情信息，单击页面底部的"修改"按钮添加白名单，如图 5-28 所示。

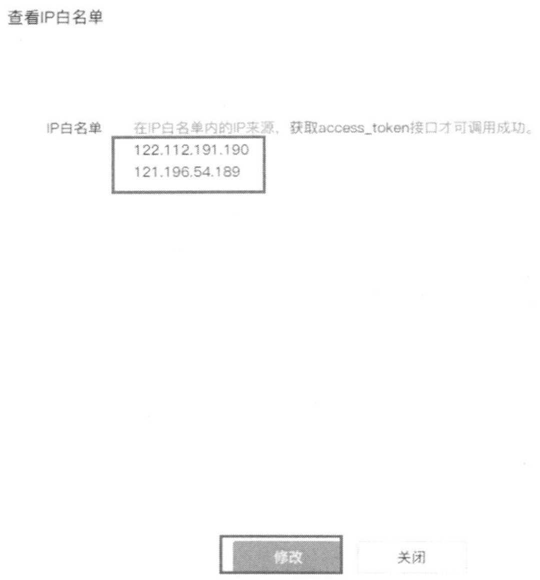

查看IP白名单
IP白名单
在IP白名单内的IP来源，获取access_token接口才可调用成功。
122.112.191.190
121.196.54.189
修改
关闭

图 5-28　添加白名单

【步骤 2】在公众号管理平台中，选择左侧菜单的“添加功能插件”选项，打开“添加功能插件”页面，将“模板消息”添加进功能插件，如图 5-29 所示。

添加功能插件
插件库
授权管理
你可以添加下列需要的功能，丰富公众号能力和体验
自动回复
已添加
原创管理
已添加
微信红包封面
赞赏功能
已添加
投票管理
已添加
微信小店
模板消息
已添加

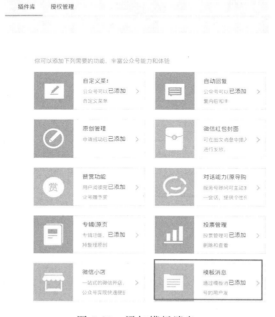

图 5-29　添加模板消息

【步骤 3】单击“模板消息”按钮，进入模板消息设置页面，单击“从模板库中添加”按

钮，如图 5-30 和图 5-31 所示。

图 5-30　模板消息设置页面

图 5-31　从模板库中添加

图 5-31 中的模板 ID 即为模板消息 ID。

模板库中有多种消息提示模板，单击"从模板库中添加"按钮后，跳转至模板库，可在模板库中新增自己要用的行业模板，也可在现有行业模板中选择符合自己要求的模板，如图 5-32 所示。

行业模版   找不到你想要的模版？帮助我们完善模版库

请输入模版标题、内容

编号	标题	一级行业	二级行业	使用人数(人)	信息
TM00415	小区电梯中断服务通知	房地产	物业	1102	详情
TM00416	小区停车场中断服务通知	房地产	物业	467	详情
TM00417	小区门禁密码更换通知	房地产	物业	49	详情
TM00418	小区门禁卡到期失效提醒	房地产	物业	434	详情
TM00419	小区服务变动通知	房地产	物业	400	详情
TM00420	煤气抄表提醒	房地产	物业	21	详情
TM00421	租户信息登记提醒	房地产	物业	94	详情

图 5-32　模板库

【步骤 4】在 JJ 智能敏捷开发云平台新建一个批处理（OAZL020BY01）、一个调用批处理的功能（OAZL021）以及一个调用此功能的任务调度参数（OAZL020SE01）。

该批处理需要在人事表中有员工入职满试用期时，提前一天向公司人事发送提示消息，如图 5-33 所示。

图 5-33　消息发送批处理

① 需要在批处理的逐笔事件中对符合条件的数据进行消息提示，具体实现方法可参考图 5-34 和图 5-35 中的内容。

② 批处理创建后，新建一个功能——发送消息（OAZL021）调用此批处理。具体实现方法可参考 4.3 节中的内容。

③ 新建一个任务调度参数（OAZL020SE01），任务内容为每日上午 9 点向公司人事发送消息，提示员工转正事宜。新建过程如下。

单击"新建"按钮，选择"参数类型"为"执行功能"，输入参数主键及名称后，单击"保存"按钮，进入任务编辑页面，如图 5-36 所示。

```
//发消息通知----------------------------------
createVariable('pub01','VARCHAR','public');//消息接收人
createVariable('titles','VARCHAR','public');//消息主题
createVariable('ls_name','varchar');//消息名称
createVariable('contentvalidity','varchar');//消息内容
createVariable('yuangong','VARCHAR','public');//要转正的员工姓名
createVariable('msgid','VARCHAR','public');//存消息的变量
//============================================

//取入职员工姓名
var xinren=#db.selectList("select username from oa_personnel_info where Status='01' and
date_format(now(),'%Y-%m-%d')<date_format(RuzhiRq,'%Y-%m-%d')");
$yuangong=#util.toStr(xinren);


//发送公众号消息
import cn.easyplatform.wxpublicmsg.WxTemplateManager;
//消息模板的参数值
var msg = new java.util.HashMap();
var data = new Object();

var first = new Object();
first.value = "员工转正提示";
first.color = "#FFF000";
data.first = first;

var keyword1 = new Object();
keyword1.value =$yuangong;
keyword1.color = "#FF6666";
data.keyword1 = keyword1;

var keyword2 = new Object();
keyword2.value =$db.("select ShiyongDaoqiri from oa_personnel_info where Status='01' and
date_format(now(),'%Y-%m-%d')<date_format(ShiyongDaoqiri,'%Y-%m-%d')");
keyword2.color = "#009966";
data.keywor2 = keyword2;

var keyword3 = new Object();
keyword3.value = "厦门市思明区五缘湾泗水道XXX号";
keyword3.color = "#CC0000";
data.keyword3 = keyword3;

var remark = new Object();
remark.value = "详细信息请进入系统查看";
remark.color = "#173177";
data.remark = remark;

msg.put("data", data);
var appid="wx435f96ee5f8acf11";
var appsecret="5ecfb7a8037b835acaf2572ad86b1ac1";
```

图 5-34　消息模板逻辑

```
//消息模板id
var msgTempId = "hjXEibqgryPSMy2oEVjd2bhXfZFFcATHRUZa7ApqAvU";

$pub01='';
var userlist=#db.selectList("select userId from sys_user_info where userId='OA001' or
userId='product'");//获取人员id
if (userlist)
{
  for (var i=0;i<userlist.length;i++)
  {
    var user=userlist[i];
    //=============================
    //发送公众号消息
    var open= #db.selectObject("select thirdId from sys_user_third_info where
    userId=$user and type='third-wx-pub'");
    if(!isEmpty(open)){
      //用户openid
      var userid =open;
      var a = WxTemplateManager.sendWxTemplate(appid, appsecret, msgTempId, userid,
      clickUrl, WxMinAppid, WxMinPage, msg);
    }
    //=============================
    if (!isEmpty($pub01))
    {
      $pub01=$pub01+','+user;

    } else
    {
      $pub01=user;
    }
  }
  //$fault_content=#db.selectObject("select desc1 from sys_dic_detail_info where
  diccode='DT010' and detailno=$fault_code");
  $titles=zj1;
  $ls_name=$titles;
  $contentvalidity='员工：'+yuangong+'明日入职';
  $msgid = #app.notice($ls_name,$contentvalidity,$pub01.split(','));//提示消息
```

图 5-35　发送公众号逻辑

133

图 5-36　新建任务调度

单击任务编辑页面中的"执行表达式"按钮后，在弹出的"表达式设置"对话框中，设置任务执行时间。设置完毕后，单击"保存"按钮即可，如图 5-37 所示。

图 5-37　设置任务执行时间

注意：按照功能需求选择图 5-37 中"周""月""天""小时""分钟""秒"选项。选择后设置提示周期，当选择为"天"时，会默认为每天都执行，但当选择为"指定"时，可以勾选要执行的时间前的复选框。

执行完以上操作后，即完成移动端的微信用户绑定及公众号消息推送功能的创建。

5.3　外部系统的 API 调用

本节以加班申请功能为例向大家介绍外部系统如何调用 JJ 智能敏捷开发云平台的 API。

5.3.1　案例——加班申请(OA 系统调用加班时数计算 API)

加班申请功能主要用于实现员工提起加班申请，具体实现步骤如下。
①新建加班时数计算 API；
②编写加班计算逻辑，用于 API 调用；

③对 API 进行测试。

④实现外部系统调用 API。

实现的具体操作步骤如下。

【步骤1】新建 API 参数。

单击"新建"按钮，选择"参数类型"为"API"，输入参数主键（api_jiaban_manage）及名称，单击"确定"按钮，进入 API 编辑页面。创建传入变量，传出变量在调用的逻辑中计算即可，如图 5-38 所示。

图 5-38　API 编辑页面

> 注意：页面底部的 input 指的是传入变量，用于前端数据传入；output 指的是传出变量，可在此处创建，也可在调用的逻辑参数中创建。一般为数据表中的字段。

【步骤2】创建完传入变量后，新建 API 要调用的加班时数计算逻辑，根据业务需求编写计算加班时数逻辑，可参考 4.8 节中的内容，如图 5-39 所示。

```
1  //传出去的变量值
2  createVariable('userId','VARCHAR','public');//工号
3  createVariable('Hours','NUMERIC','public');//时数
4  createVariable('oa_hours','NUMERIC','public');//时数
5  createVariable('StartTime','DATETIME','public');//开始时间
6  createVariable('EndTime','DATETIME','public');//结束时间
7  createVariable('Days','NUMERIC','public');//天数
8  var Empdata=#db.selectOne("select
   userId,username,DeptCode from oa_personnel_info where
   userId=$oa_userId");
9  $StartTime=#dt.toDate($oa_startdate,'yyyy-MM-dd');//开始时间
10 $EndTime=#dt.toDate($oa_enddate,'yyyy-MM-dd');//结束时间
11
12 if($StartTime>$EndTime){/*开始日期不能大于结束时间*/
13   return 'K021';
14 }
15 $userId=#db.selectObject("select UserId from
   oa_personnel_info where UserId=$oa_userId");
16
17 //1.加班申请-计算加班时数
18 $Hours=#dt.getHours($StartTime,$EndTime);
19 $Days=#dt.getDays($StartTime,$EndTime);
20 debug("Days======="+$Days);
21 debug("Hours======="+$Hours);
22 if(!isEmpty($Hours)){
23   var xiaoshi=8*$Days;
24   $Hours=xiaoshi;
25 }else{
26   $Hours=0.0;
27 }
28 $oa_hours=$Hours;
```

图 5-39　加班时数计算逻辑

【步骤3】新建完 API，并编写完 API 调用逻辑后，可通过单击编辑页面的"API 测试"

按钮对此 API 进行测试，如图 5-40 和图 5-41 所示。

图 5-40　API 测试

图 5-41　API 测试功能的使用方法

执行完以上操作便完成了 API 的创建。可在 JJ 智能敏捷开发云平台下载此 API 的有关文档。

①选择 "API" 菜单中的 "API 文档下载" 选项，如图 5-42 所示。

图 5-42　API 文档下载

②选择"API 文档下载"选项，下载接口文档。此文档包含平台所有的 API 参数信息，在文档中找到"加班计算"API，如图 5-43 所示。

加班计算

接口名称：	加班计算			
接口用途：	加班计算			
Method：	POST			
URL：	/abc			
输入参数：	参数	类型	必须	解释
	oa_userId	String	是	工号
	oa_startdate	String	是	加班开始时间
	oa_enddate	String	是	加班结束时间
返回数据：	参数	类型	必须	解释
	Hours	String	否	加班时间
备注：				

图 5-43 "加班计算"API 文档

【步骤 4】实现外部系统调用 API。实现此功能需要学生在外部系统设计一个加班申请页面。本节会提供一个简单的加班申请页面模板，学生可参照这个模板进行页面设计。模板如图 5-44 所示。

图 5-44 加班申请页面模板

设计完加班申请页面之后，开始对接 JJ 智能敏捷开发云平台的 API。使用监听器方式，当页面上的开始时间、结束时间或者计算出的加班时间中有值发生变化时，通过 ajax 将用户 ID、加班开始时间、加班结束时间 3 个参数传入后端。后端尝试获取参数成功后，通过 HTTP 调用 JJ 智能敏捷开发云平台的 API 接口，获取 API 传回的结果，将获得的值转换为 json 形式并传到前端页面。

选择页面左侧"index.html"选项，在页面右侧会出现前端关键代码区，如图 5-45 所示。

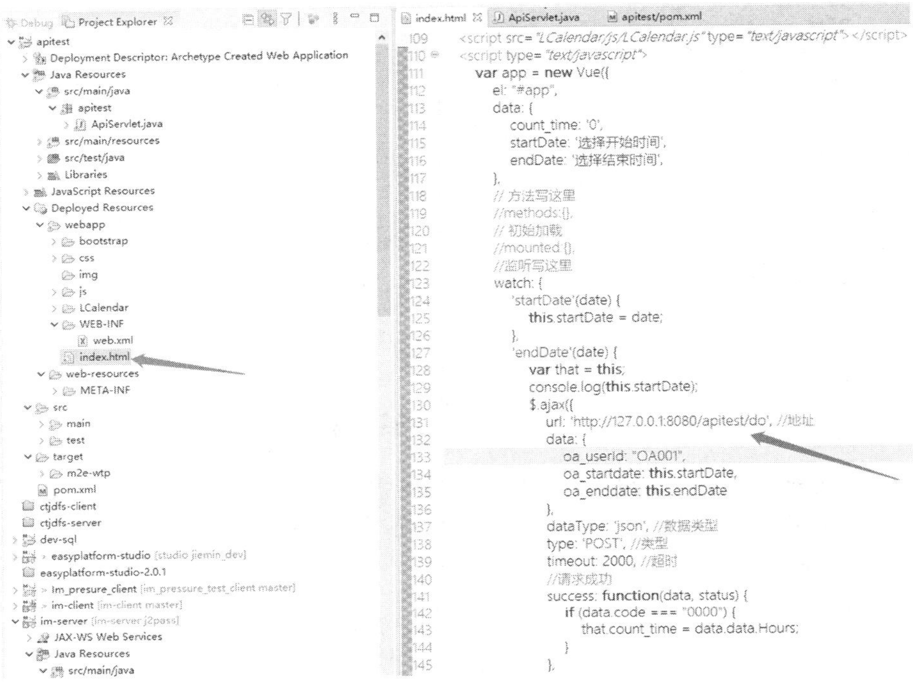

图 5-45　前端关键代码

选择页面左侧的"ApiServlet.java"选项，在页面右侧会出现后端关键代码区，如图 5-46 和图 5-47 所示。

图 5-46　后端关键代码

```
try {
    String userId = req.getParameter("oa_userId");
    String startDate = req.getParameter("oa_startdate");
    String endDate = req.getParameter("oa_enddate");
    String url = "http://122.112.191.190:8080/apis/do?appid=product&aid=api_jiaban_manage&oa_userId=%s&oa_startdate=%s&oa_enddate=%s";
    url = String.format(url, userId, startDate, endDate);
    response = this.httpPostUrl(url, null);
} catch (Exception ex) {
    log.error(ex.getMessage(), ex);
}
resp.setContentType("text/json; charset=UTF-8");
try {
    out = resp.getWriter();
    Gson gson = new Gson();
    out.write(gson.toJson(response));
    out.flush();
```

图 5-47　后端关键代码放大

5.3.2　课后案例练习——公出申请(OA 系统调用公出时数计算 API)

公出申请功能主要实现外部系统能够调用 JJ 智能敏捷开发云平台的 API 进行公出天数计算，如图 5-48 所示。

图 5-48　公出申请

需要实现以下功能。

(1)新建 API 参数；

（2）新建公出时间计算逻辑；

（3）实现 OA 系统对 API 的调用；

（4）完成上述要求后，读者可自由发挥。

5.4 本章小结

本章是 JJ 智能敏捷开发云平台的提高篇。学习完本章后，应当做到以下几点。

➤ 掌握 PC 端页面自适应为移动端页面的方法；

➤ 理解移动端与公共应用的对接配置；

➤ 了解外部系统的 API 调用。

第6章 管理篇

6.1 JJ 即时在线 Debug

6.1.1 案例——基础功能即时在线 Debug(边开发边 Debug)(年假维护)

JJ 智能敏捷开发云平台的开发工具提供了在线调试与测试功能，这部分功能主要由 6 部分构成，分别为系统变量、栏位信息、自定义变量、数据列表、控制台、运行记录，如图 6-1 所示。

图 6-1 在线调试与测试功能

(1)系统变量：均为数字变量，由 7nn 及 8nn 构成。分为系统启动级别(700~719)、用户登录级别(720~799)以及功能级别的系统变量(800~899)；

开发过程中常用的 7nn 变量如表 6.1 所示。

表 6.1 7nn 变量

变量名	变量说明	变量名	变量说明
720	用户 ID	723	用户所属机构名称
721	用户名称	755~758	用户自定义提示信息
722	用户所属机构 ID		

变量 $720~$723 常用于在页面初始事件中进行赋值。在本案例中为在初始事件中默认的用户工号、姓名，实现当用户登录页面后，页面上需要输入的姓名/工号默认为用户本人；或者用于在确认事件中，对用户工号、姓名、所属机构 ID、所属机构名称进行确认，如图 6-2 所示。

变量 $755~$758 用于设置提示消息，常用于确认事件和逻辑参数中，主要做数据检验，如图 6-3 所示。

图 6-2　变量＄720～＄723 的用法

图 6-3　变量＄755～＄758 的用法

变量＄800～＄899 为功能级别的系统变量，常用于做功能层级判断及调用工作流时进行传参。

（2）栏位信息：用于显示当前页面使用的数据表栏位的相关信息。例如，查看加班管理功能的栏位信息时，选择"选择功能"中的"加班申请记录"选项，如图 6-4 所示。

图 6-4　栏位信息

（3）自定义变量：根据业务需要在功能中自定义一些变量，这些变量就会出现在自定义变量区域中，如图 6-5 所示。

图 6-5　自定义变量

（4）数据列表：如果页面中有调用列表，则会在数据列表区域显示与数据列表相关的信息，如图 6-6 所示。

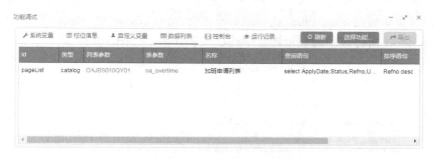

图 6-6　数据列表

（5）控制台：用于对后端逻辑业务和输出的调试（逻辑运行过程及出现的错误提示都会显示在控制台上）。

以加班申请功能为例，在页面调用计算加班时数逻辑（OAJBS010LY01）时，当页面选择加班开始时间或结束时间时发现有错误存在，页面会弹出提示对话框显示错误信息，如图 6-7 所示。

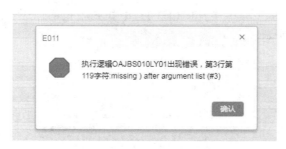

图 6-7　页面调用的逻辑报错

简单逻辑的出错，可根据系统提示直接去后端的逻辑中修改；复杂的、内容繁多的逻辑出错，需要打开"功能调试"页面，用控制台去找出错误，如图 6-8 所示。

图 6-8　打开"功能调试"页面

打开"功能调试"页面后，选择"控制台"选项卡，单击"开始"按钮，再次执行前面报错的操作，即选择加班开始时间，执行之后页面会弹出如图 6-7 所示的报错对话框。单击"确定"按钮，在控制台显示的提示信息中找出报错详情，如图 6-9 所示。

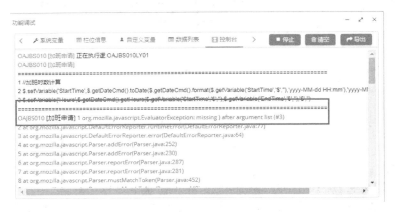

图 6-9　控制台

根据提示，在执行的逻辑（OAJB010LY01）中找到报错的原因：逻辑的第三行漏写了一个括号，如图 6-10 所示。

图 6-10　执行逻辑报错原因

控制台还有一个常用的方法称为调试输出。

具体操作方法为在逻辑中使用 debug()函数来调试输出打印变量值。可在控制台查看打印结果,如图 6-11 所示。

图 6-11　调试输出

输出结果,在控制台查看,如图 6-12 所示。

图 6-12　输出结果

(6)运行记录:主要用于查看前端的脚本及 SQL 语句。打开运行记录的具体方法如图 6-13 所示。

图 6-13　打开运行记录

在打开加班申请功能时，弹出"报错"对话框，报错内容为 SQL 有误，如图 6-14 所示。

图 6-14　"报错"对话框

系统提示报错后便启用调试功能，打开运行记录，如图 6-15 所示。

图 6-15　打开运行记录

单击"开始"按钮，再次执行前面报错的操作——打开加班申请功能，弹出如图 6-14 所示的报错对话框。单击"确认"按钮，在控制台显示的提示信息中找出报错详情：SQL 语句出错，出错内容为 select 拼写错误，找到后改正这个错误即可，如图 6-16 所示。

图 6-16　运行记录报错信息

6.1.2 课后案例练习——基础功能的即时在线 debug(边开发边 Debug)(调班申请)

基础功能的即时在线 debug 需要实现以下功能。

(1)查看系统变量;

(2)查看栏位信息;

(3)查看自定义变量;

(4)查看数据列表;

(5)通过控制台调试进行查错;

(6)通过运行记录查错;

(7)其余部分可由读者自由发挥。

6.2 JJ 开发的发布与部署

6.2.1 案例——JJ 参数导出

JJ 开发的发布指的是 JJ 参数导出,部署指的是 JJ 参数导入。本节主要通过 JJ 参数导出案例介绍 JJ 开发工具中的参数版本管理功能。开发用户通过此功能实现参数的导入、导出,以及参数版本的管理,如图 6-17 所示。

图 6-17 版本管理

　　参数的版本管理，包括参数的"导入""导出""导入历史""导出历史"以及参数的"版本管理"5 个功能。

　　(1)参数导入：主要用于为用户更新参数版本。将打包好的参数导入平台，具体操作方法如下。

　　打开"版本管理"模块中的导入功能，如图 6-18 所示。单击"选择要导入的文件"按钮，打开文件地址，选择要导入的参数包后，单击"确定"按钮，导入参数包的信息展示在下方列表中，可单击"检查版本库"按钮检查该参数在系统中是否存在，若不存在，则单击"提交到版本库"按钮，将该参数包提交至系统。至此便完成了参数导入操作。

图 6-18　参数导入

　　(2)参数导出：主要用于用户打包新的参数版本，并将打包好的参数导出平台。具体操作方法如下。

　　打开"版本管理"模块中的导出功能，导出功能页面如图 6-19 所示。在页面中输入要导出的参数主键、版本号、选择是否只显示最新版本、导出备注，在左侧列表框中勾选要导出的参数版本前的复选框，单击中间的"移动"按钮，将其移至右边列表框，单击"导出"按钮即可实现参数包的导出。

图 6-19　参数导出

　　导出参数还可以右击右侧参数列表框中的某一参数，在弹出的快捷菜单中选择"导出"选项,如图 6-20 所示。

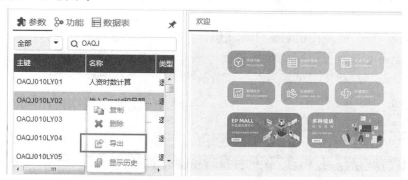

图 6-20　通过右击菜单导出参数

（3）导入历史：打开"版本管理"模块中的导入历史功能,页面显示如图 6-21 所示。

图 6-21　导入历史

　　页面左侧列表显示已导入的参数包信息。选中某一个参数后,右侧列表显示该参数包中所包含的参数信息。单击"打包下载"按钮可下载该参数包。

（4）导出历史：打开"版本管理"模块中的导出历史功能,页面显示如图 6-22 所示。

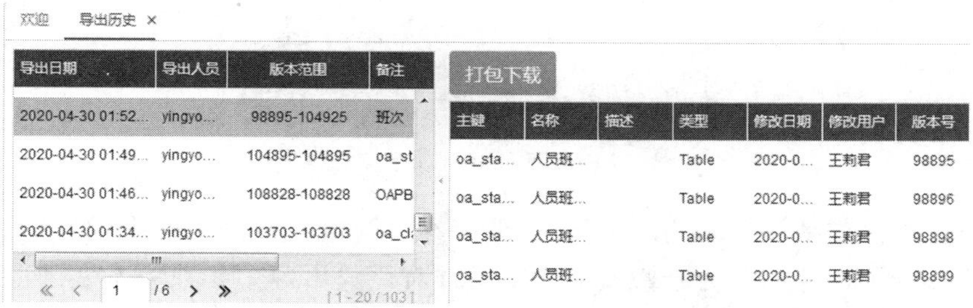

图 6-22　导出历史

　　页面左侧列表显示已导出的参数包信息。选中某一个参数后,右侧列表显示该参数包中所包含的参数信息。单击"打包下载"按钮可下载该参数包。

（5）版本管理：用于查看历史不同版本参数的具体信息，方便用户知道参数修改过哪些内容。

打开"版本管理"模块中的版本管理功能，如图 6-23 所示，输入参数主键、版本号后，单击"搜索"按钮，参数各个历史版本信息将显示在页面下方的列表框中。选中列表框中的版本后，单击"替换"按钮可将当前参数替换为选中的参数版本。

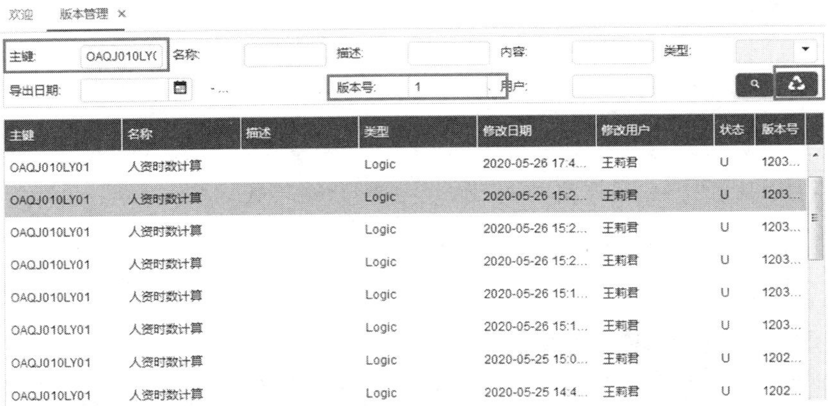

图 6-23　版本管理

双击列表中某一版本参数后，弹出"版本内容对比"对话框，在其中可以对比两个版本的区别，如图 6-24 所示。

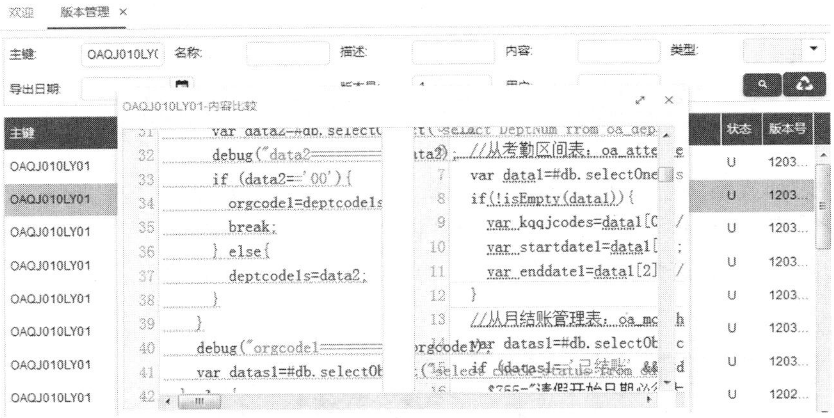

图 6-24　"版本内容对比"对话框

具体对比方法如图 6-25 所示，左侧为当前参数版本，右侧为选中的历史版本。阴影部分为修改部分，白色部分为未修改部分，通过对比找出两个参数版本之间的不同之处，并根据需求选择是否恢复至选中的历史版本。

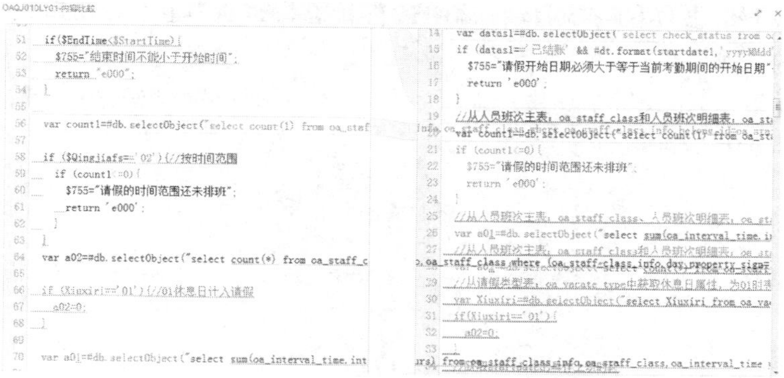

图 6-25　内容对比

6.2.2　课后练习——参数导入/导出与版本管理

参数导入/导出与版本管理需要实现以下功能。

(1)将参数包导入 JJ 智能敏捷开发云平台；

(2)从 JJ 智能敏捷开发云平台导出参数包；

(3)查看导入/导出历史；

(4)在版本管理页面中管理参数版本，并对比各个版本间的不同之处。

6.3　JJ 运行管理

JJ 运行管理功能包括系统管理和系统监控。系统管理包括系统设置、模板管理、缓存管理、数据源；系统监控包括在线用户管理、日志与监控管理。

6.3.1　系统管理

(1)系统设置：包括"服务状态""许可证设置""自主函数""自助服务"和"下载 API 公钥"5 个部分，如图 6-26 所示。

图 6-26　系统设置

其中，"服务状态"用于控制运行端的运行状态，当将其由"正在运行"改为"锁住服务"时，运行端的非管理员用户均无法登录系统。

"许可证设置"用于设置添加用户上限，单击"许可证设置"按钮后，弹出"项目许可证信息"对话框如图 6-27 所示。

图 6-27　"项目许可证信息"对话框

申请许可证时，联系人、公司名称、联系电话、联系邮箱为必填项。填写完这些信息后单击"升级许可证"按钮。由于许可证书是通过邮箱接收和导入的，所以单击此按钮后，要记得查收邮件。最后，单击"上传许可证文件"按钮，将接收到的许可证书上传到系统即可。

此外，"自主函数""自助服务"及"下载 API 秘钥"功能在开发过程中较少用到，在此就不多做介绍了。

（2）模板管理：包括桌面客户端及其登录主页、移动客户端及其登录主页。

桌面客户端及其登录主页模板管理页面如图 6-28 所示。

图 6-28　桌面客户端及其登录主页模板管理

在图 6-28 中，单击"桌面客户端"按钮后，右侧出现桌面客户端登录页面及主页面设置页面。单击"选择模板"按钮，弹出"选择模板"对话框，在其中既可选择要更换的登录页模板直接进行模板更换；也可单击"上传模板"按钮，将登录页模板上传，然后选择该模板进行更换，如图 6-29 所示。

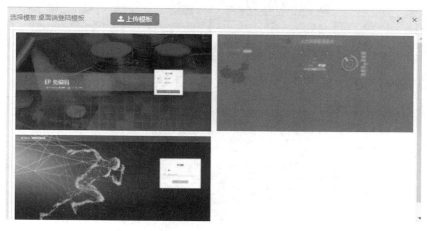

图 6-29　选择模板

单击图 6-28 中的"编辑"按钮，可对登录页面进行自定义修改，如图 6-30 所示。

```
1  <?style type="text/css" href="/template/dQ/css/style.css"?>
2  <div xmlns:n="native" zclass="w-100 h-100">
3    <n:div class="bg1"/>
4    <n:div class="gy1">
5      J2PaaS 免编码
6      <n:div class="gy2">敏捷开发的先行者；覆盖面最全、高效、安全、稳定的平台</n:div>
7    </n:div>
8    <n:form>
9      <div zclass="bg" id="loginDiv"
         apply="cn.easyplatform.web.controller.LoginController">
10       <n:div class="wel">用户登录</n:div>
11       <n:div class="user">
12         <n:div id="yonghu">用户名</n:div>
13         <textbox placeholder="请输入账号" id="userId" zclass="none"
           value="mydemo"/>
14       </n:div>
15       <n:div class="password">
16         <n:div id="yonghu">密   码</n:div>
17         <textbox placeholder="请输入密码" type="password" id="userPassword"
           zclass="none"
18                   value="1"/>
19       </n:div>
20       <button zclass="btn" id="login">登   录</button>
21     </div>
22   </n:form>
23  </div>
```

图 6-30　对登录页面自定义修改

桌面客户端主页面更改模板及风格编辑的方式与登录端页面基本一致。

移动客户端登录页面及主页面的模板管理方式与桌面客户端页面一致。

（3）缓存管理：分为参数缓存和资源缓存。当开启参数缓存功能时，开发人员对参数进行修改后，该修改并不会立即生效，需要重启才可生效，常用于提高系统运行效率。

资源缓存与参数缓存的用途类似，如图 6-31 所示。

图 6-31　缓存管理

（4）数据源：用于配置系统数据库，且一个系统可以配置多个数据库，如图 6-32 所示。

图 6-32　数据源

6.3.2　系统监控

（1）在线用户管理：在线用户管理用于显示当前用户的信息及运行情况，如图 6-33 所示。

图 6-33　在线用户

（2）日志与监控管理：日志与监控管理包括操作日志、登录日志和实时日志的管理。操作日志用于显示用户操作某个功能的记录；登录日志用于显示系统用户登录情况；

实时日志用于显示用户操作某个功能时该功能的运行情况，如图6-34～图6-36所示。

图6-34 操作日志

图6-35 登录日志

图6-36 实时日志

6.4 本章小结

本章主要介绍了 JJ 智能敏捷开发云平台的提高篇。学习完本章后，应当做到以下几点。

➢ 掌握 JJ 开发的即时在线 Debug；

➢ 理解并掌握 JJ 开发的发布与部署；

➢ 掌握 JJ 开发的运行管理。

附　录

附录 A　JJ 参数类型

JJ 参数的组成如附图 A-1 所示。

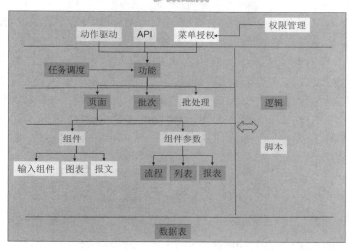

附图 A-1　JJ 参数的组成

　　JJ 参数的类型包含功能参数、数据表参数、任务参数、页面参数、报表参数、列表参数、逻辑参数、工作流参数、批处理参数和 API 参数。

　　功能参数：功能参数在 JJ 智能敏捷开发云平台中是参数的入口，功能参数既可以被调用，也可以调用其他参数。

　　数据表参数：通过数据表参数与数据库真实表的对应可实现系统与数据库的关联及平台对数据库的操作。

　　任务参数：任务参数的作用是制订让系统在指定的时间点执行某个任务的计划，可使用菜单栏进行参数的增加，设置任务调度的主键。

　　页面参数：页面参数的作用是展现给用户一个个页面，如可输入的页面、查询列表、图表、报表以及复杂的主副表等。页面中可以执行事件、脚本和逻辑，支持复杂的业务处理。页面不仅能够通过设计向导来实现基本的功能，还能够通过配置更高级的属性和控件来实现更高级的功能。

报表参数：在进行系统开发的过程中，无法避免有打印表单的需求，如审批过程中的单据、指定格式报表，以及发票联等报表的打印，这些固定格式的表单被统称为报表参数。

列表参数：列表参数类似于 Excel 表格，其将数据表中的数据以行和列的形式直观地展现在用户面前，列表可以支持单纯数据查询，可以用作输入保存数据，也可以做成统计报表的形式，或被平台的组件调用，因此在实际应用中经常被使用。

逻辑参数：逻辑参数在平台中的使用范围非常广泛，在功能、页面、列表、批处理、报表、API 等参数中都能使用到逻辑，逻辑可以独立成为一个参数被调用，也可以在参数对应的位置进行使用，逻辑是对业务逻辑关系的描述，如赋值、运算、判断等操作，平台提供了很多通用函数，也可以使用 Java 和 JavaScript 中的方法和函数。

工作流参数：工作流参数由工作流设计器、各业务口的调用和工作流引擎等组成，业务口的调用主要是针对工作流公共变量的赋值，以及使用工作流自带的函数进行驱动。工作流是由业务口来驱动的，例如，采购申请时，在填写完成采购内容后，需要由部门的主管复核，并交由财务部对金额进行核对，再由总经理批准，最后将结果返回给申请人。这样，一个业务流程在系统中通过一个工作流就可以完成。

批处理参数：批处理参数是对批量数据进行的处理，如银行对存款利息、贷款利息的计算，批处理参数可以由功能来调用，也可以通过定时任务来进行批处理计算。

API 参数：API 参数是一些预先定义的函数，或指软件系统不同组成部分衔接的约定。其目的是提供应用程序与开发人员基于某软件或硬件得以访问一组例程的能力，而又无须访问原码或理解内部工作机制的细节。

附录 B　JJ 系统变量及保留字

系统变量均为数字变量，由 7nn 及 8nn 构成，分为系统启动级别的系统变量、用户登录级别的公共变量及功能级别的公共变量 3 类。

1. 系统启动级别的系统变量（700～719）

系统启动级别的系统变量在系统启动时自动赋值，其主要变量说明如附表 B-1 所示。

附表 B-1　系统启动级别的主要变量说明

变量名	变量说明	变量名	变量说明
700	系统工作路径	706	项目指向用户表所在的数据库资源 ID
701	应用工作路径	707	项目工作路径
702	项目 ID	708	项目应用路径
703	项目名称	709	项目默认语言代码
704	项目的 Web 路径	710	项目子入口名称
705	项目指向的业务数据库资源 ID		

2. 用户登录级别的公共变量（720～799）

用户登录级别的公共变量在用户登录时字段赋值，在 easyplatform. conf 中配置，不同的应用可以配置不一样的变量名。这种系统变量的主要数据来源是用户、机构及相应的权限管理表。

例如：

♯检验用户登录时的查询语句，除 password 外，其余的信息全部称为系统变量

dao. authenticationQuery ＝ select name，password，sex as v761，phone as v762 from sys_user_info where userId ＝? and state＝1

♯用户代理查询

♯dao. userAgentQuery ＝ select a. operatorId，（select name from sys _ user _ info where userId＝a. operatorId）as name from sys_agent_info a where a. agentId＝$720 and sdate＜＝$dt and edate＞＝$dt and state＝1

♯代理人所拥有的角色

♯ dao. userAgentRoleQuery ＝ select a. roleId，（select name from sys _ role _ info where roleId＝a. roleId）as name，（select image from sys _ role _ info where roleId＝a. roleId）as image from sys_agent_role_info a where operatorId＝?

♯用户登录后所需的机构信息、记录称为系统变量，名称转为大写 $ORG_ID，$ORG_NAME

♯ dao. userOrgQuery ＝ select name as v750，parent as v771，address as v772，manager as v773，phone as v774 from sys_org_info where orgId ＝?

dao. userOrgQuery ＝ select name as v750，parent as v771，address as v772，manager ♯as v773，phone as v774，swiftbic as v781，businessdate as v780 from sys_org _info where orgId ＝?

dao. userOrgQuery ＝ select name as v750，parent as v771，address as v772，manager as v773，phone as v774，businessdate as v780 from sys _ org _ info where orgId ＝?

3. 功能启动级别的公共变量（800～899）

功能启动级别的公共变量的主要变量说明如附表 B-2 所示。

附表 B-2　功能启动级别的主要变量说明

变量名	变量说明	变量名	变量说明
800	功能运行时 ID，系统唯一标识符	830	功能引用的参数类型
801	主功能 ID	831	功能引用的参数的 ID
802	主功能名称	832	功能引用的参数名称
803	主功能描述	833	功能引用的参数表的 ID

变量名	变量说明	变量名	变量说明
804	功能提交后的动作：0 表示直接结束，1 表示重新执行功能，2 表示保留首个功能已有的信息	835	页面初始逻辑
805	打开功能的方式：0 表示 normal，1 表示 new page，2 表示 modal dialog，3 表示 highlight dialog，4 表示 embbed	836	页面刷新逻辑
806	功能所属的角色	837	页面确认逻辑
808	当前逻辑的名称	838	页面返回逻辑
809	父功能 ID	839	页面继承 ID
810	功能 ID	840	来源层 ID
811	功能名称	860	工作流 ID
812	功能描述	861	工作流名称
813	功能图标名称	862	工作流具体描述
814	功能 IO 处理标志：CRUD	863	工作流实例 ID
815	功能是否可更新	864	工作流实例工作项 ID
816	功能是否显示	865	工作流实例工作项名称
817	功能流程走向控制脚本	866	工作流实例工作项显示名称
818	功能初始逻辑	867	处理方式
819	第 2 阶段主数据提交前逻辑	870	流程表达式变量 1
820	第 2 阶段主数据提交后逻辑	871	流程表达式变量 2
821	第 2 阶段提交失败后逻辑	872	流程表达式变量 3
822	第 3 阶段提交逻辑	873	流程表达式变量 4
823	第 3 阶段提交失败后逻辑	874	流程表达式变量 5
824	第 1 阶段提交逻辑	875	来源表
825	第 1 阶段提交失败后逻辑	876	来源表主键
826	功能关闭逻辑	877	表单 ID
827	功能继承 ID	878	审批内容
828	功能所属的层级	879	审批意见

附录 C　JJ 参数命名规则

1. 参数

1）功能

编码规则：产品代码（2 码）＋模块（3 码）＋功能流水（2 码）。

说明：功能流水大于 99 时，首位为字母，如 A0；公共模块的产品代码为 SYS，公共信息的产品代码为 COM。

2）数据表

编码规则：具体数据表名，小写。

说明：公用表为 sys_，注意表中的字段名大小写要统一。

3）任务

编码规则：功能代码＋识别码（"S"）＋来源口（E 表示日终，A 表示外部接口）＋流水（2 码）。

说明：公用时，将功能流水 2 码设置成相同的字母。

4）逻辑

编码规则：功能代码＋页面配置识别码（"L"）＋来源口（I 表示业务口初始化，C 表示业务口确认，B 表示业务口返回，E 表示日终，A 表示外部接口，R 表示报表，Y 表示业务口调用）＋页面配置流水（2 码）。

说明：公用时，将功能流水 2 码设置成相同的字母。

5）页面

编码规则：功能代码＋页面配置识别码（"P"）＋来源口（Y 表示业务口，E 表示日终，A 表示外部接口）＋页面配置流水（2 码）。

说明：公用时，将功能流水 2 码设置成相同的字母。

6）报表

编码规则：功能＋页面配置识别码（"R"）＋来源口（Y 表示业务口，E 表示日终，A 表示外部接口）＋页面配置流水（2 码）。

说明：公用时，将功能流水 2 码设置成相同的字母。

7）列表

编码规则：功能＋页面配置识别码（"Q"）＋来源口（Y 表示业务口，E 表示日终，A 表示外部接口）＋页面配置流水（2 码）。

说明：公用时，将功能流水 2 码设置成相同的字母。

8）流程

编码规则：功能＋工作流识别码（"F"）＋来源口（Y 表示业务口，E 表示日终，A 表示外部接口）＋工作流流水（2 码）。

说明：公用时，将功能流水 2 码设置成相同的字母。

9）批处理

编码规则：功能＋批处理识别码（"B"）＋来源口（Y 表示业务口，E 表示日终，A 表示外部接口）＋工作流流水（2 码）。

说明：公用时，将功能流水 2 码设置成相同的字母。

2. 多国语言

1）使用方式

页面及相应说明位置：♯{'编码'}；

提示信息－后台：return '4 位编码'；

提示信息－前台：showCode('4 位编码'，传入参数组)；。

2）编码规则

(1)提示消息(4 码，区分字母大小写，目前统一用大写字母)。

命名规则：

CXXX——警告信息，确认/取消按钮；

WXXX——警告信息，取消/忽略按钮；

IXXX——提示信息；

PXXX——正在处理信息；

EXXX——系统错误信息；

其他字母打头——业务出错/提示信息。

说明：X 代表任意数字，使用前应确认该编码是否存在。

(2)功能。

命名规则：C_功能 ID。

说明：写 MESSAGE 表(新增或者 UPDATE，标识码为 Y)。

(3)菜单。

命名规则：M_菜单 ID。

说明：写 MESSAGE 表(新增或者 UPDATE，标识码为 Y)。

(4)字典。

命名规则 ♯726：按语言取值。

说明：字典信息字段部分和 sys_message_info 一致，抓取时输入 select no，♯726 from sys_dic_detail_info where code='xxxxxx'。

(5)列表。

命名规则：如果和表字段一致，则直接使用；新增 L_listid_fieldid 时，若存在此字段，则提示抓取；如果抓取，则其为抓取的 ID。

说明：无论是新增还是抓取，都需要把标识码变为 Y。

(6)角色。

命名规则：R_ID。

说明：命名后维护对应 R_ID 的多国语言，写 MESSAGE 表(新增或者 UPDATE，标识码为 Y)。

（7）机构。

命名规则：U_机构 ID。

说明：维护对应 U_机构 ID 的多国语言，写 MESSAGE 表（新增或者 UPDATE，标识码为 Y）。

（8）按钮。

命名规则：B_代码。

说明：以 B_开头，后面可以接任意长度的英文字母和数字的组合。

3. 公用管理

1）公共信息

功能：COM＋模块（3 码）＋功能流水（2 码）。

其余编码参照正常编码。

2）公共模组

功能：SYS＋模块（3 码）＋功能流水（2 码）。

其余编码参照正常编码。

3）公共逻辑

syscomblLI00：定义无具体意义的全局变量，在首个功能中调用，调用方式为 ♯include syscomblLI00；。

sysyewblLI00：定义有具体意义的全局变量，在首个功能中调用，调用方式为 ♯include sysyewblLI00；。